Udo Kreggenfeld

Präsentorik

Erfolgreiches Präsentieren und
Vortragen für Trainer und Dozenten

> TRAIN THE TRAINER <

Verlagsredaktion:
Ralf Boden / Rebecca Weiand-Schütt, Schönaich
Layout und technische Umsetzung:
Verena Hinze, Essen
Umschlaggestaltung:
Claudia Adam, Darmstadt
Titelfoto:
© iStockphoto.com, Daniel Lafor

Informationen über Cornelsen Fachbücher und Zusatzangebote:
www.cornelsen.de/berufskompetenz

1. Auflage
© 2012 Cornelsen Verlag, Berlin

Druck: H. Heenemann, Berlin

ISBN
978-3-589-24026-5

 Inhalt gedruckt auf säurefreiem Papier aus nachhaltiger Forstwirtschaft.

Präsentorik – Die Kunst, gekonnt zu reden, zu präsentieren, vorzutragen

Präsentorik ist eine Wortschöpfung, eine Kombination aus Präsentieren bzw. Präsentation und Rhetorik. Der Begriff wurde erstmals zu Beginn des 21. Jahrhunderts im Kontext von Managementtraining und von Seminaren zur Schulung von Führungskräften der Wirtschaft verwandt. Bis dato unterschied man zwischen Maßnahmen zur Steigerung der Präsentationskompetenz und solchen zur Erhöhung der rhetorischen Kompetenz. Unter Präsentieren wird herkömmlich das Vorstellen von Ideen, Konzepten, Prototypen und Ergebnissen verstanden – vorzugsweise mithilfe von (elektronischen) Medien. Rhetorik meint demgegenüber die Redekunst, das wirkungsvolle Sprechen und Überzeugen allein durch die Kraft des Wortes.

Ziel der Präsentorik ist es, eine Synthese aus beidem zu schaffen: aus zielgerichtetem Medieneinsatz und überzeugender sprecherischer Performance. Es geht einerseits darum, für ein bestimmtes Ziel und Thema das beste Medium auszuwählen und andererseits darum, wirkungsvoll zu sprechen, sich selbst überzeugend darzustellen und andere für sich und die eigenen Ideen zu gewinnen. Nicht mit allerlei taktischen Tricks und unlauteren Finessen – sondern durch eine stimmige und wirkungsvolle präsentorische Performance.

Wirkungsvoll sind Sie als Trainer und Dozent, wenn Sie die mit Ihrem Auftraggeber und mit Ihren Teilnehmern vereinbarten Ziele erreichen. Dabei handelt es sich in der Regel um einen Zuwachs an Wissen und Kompetenzen, mit denen Ihre Teilnehmer die Anforderungen ihrer beruflichen Rollen besser bewältigen oder reflektieren können.

Das wird nur dann gut gelingen, wenn Sie durch Ihre (Selbst-)Präsentation Zugang zu den Teilnehmern bekommen, sodass diese zumindest bereit sind, Ihre Inhalte an sich heranzulassen und zu prüfen, ob Sie sie aufnehmen wollen und können.

Wenn Konzept und Performance zusammenpassen, wenn Gedanken, Ideen und Inhalte strukturiert sind, können Zuhörer leicht folgen. Eine persönliche und stimmige Präsentorik unterstützt Sie in kleiner Runde – und überzeugt bei Auftritten vor vielen Menschen.

Mit diesem Buch möchte ich Sie dazu gewinnen, an der nachhaltigen Verbesserung Ihres persönlichen Auftritts und Ihrer Performance als Trainer und Dozent zu arbeiten.

Gebrauchsanweisung für dieses Buch

Den größten Nutzen ziehen Sie aus der Lektüre des gesamten Buchs. Gleichzeitig ist jedes Kapitel in sich geschlossen – was auch selektives Lesen ermöglicht. Los geht es immer mit der kurzen Übersicht: „Darum geht es." Hier lesen Sie, mit welchen Inhalten Sie unter den jeweiligen Überschriften rechnen können.

Anschließend erfahren Sie unter drei bis fünf Spiegelstrichen, welche Vorteile und welcher Nutzen sich für Sie aus der Lektüre des jeweiligen Kapitels ergeben.

Jetzt beginnt der eigentliche Textteil: anschaulich, einprägsam, auf den Punkt gebracht.

Jedes Kapitel endet unter der Überschrift „Das Wichtigste in Kürze" mit einer kompakten Zusammenfassung. Auch bei Zeitmangel haben Sie damit die Chance, sich mit der Essenz der Inhalte vertraut zu machen. So können Sie sich gut orientieren, welche Kapitel für Sie die wichtigsten sind und von welchen Themen Sie am stärksten profitieren.

Wer sehr schnell sehr praktische Unterstützung sucht, sollte mit dem Kapitel „Der Masterplan für eine gelingende Präsentation" beginnen. Hier finden Sie eine Anleitung, die Sie in Verbindung mit dem Kapitel „Auftragsklärung, Kontextklärung und Vorbereitung" Schritt für Schritt zur perfekten Präsentation führt.

Unter der Überschrift „Die vier Säulen der Präsentorik" erhalten Sie das gleichermaßen theoretische wie praktische Hintergrundwissen für überzeugendes Präsentieren und Reden vor anderen.

In den Kapiteln „Körpersprache und Stimme" (6), „Der erste Eindruck" (7) und „Charisma" (8) geht es um die Faktoren, die den größten Einfluss auf unsere persönliche Wirkung haben.

Alles, was sonst noch in einer Präsentation und Rede passieren kann, wie Sie mit unangenehmen Fragen umgehen, wie Sie Lampenfieber begegnen, ob und wann ein Stichwortzettel hilft und vieles andere mehr, erfahren Sie in eigenen Kapiteln – ebenso, wie Sie Ihren Beitrag mit den besten Stilmitteln aus 2.500 Jahren Rhetorik aufpeppen können.

Die Checkliste am Ende des Buches hilft Ihnen, in einen kontinuierlichen Verbesserungsprozess einzusteigen und Ihre Vorträge und Präsentationen Schritt für Schritt auf ein höheres Niveau zu heben.

Viel Erfolg und viel Freude dabei wünscht Ihnen – *Udo Kreggenfeld*

Der Autor

Dr. Udo Kreggenfeld und seine Agentur „Direkt im Dialog" stehen für eine schnörkellose Kommunikation in Organisationen, für den richtigen Mix aus Professionalität und Echtheit, für den Blick auf den einzelnen Akteur ebenso, wie auf das Zusammenspiel vieler Akteure in einem System.

Der Linguist, Kommunikationspsychologe und promovierte Betriebspädagoge arbeitet als Berater, Trainer und Coach vor allem in der Führungskraft- und Managemententwicklung, ist gefragter Redner, Autor von Fachbüchern und zahlreichen Fachartikeln sowie Lehrbeauftragter an der Hochschule Bremen für Kommunikation und Rhetorik.

Seit über 15 Jahren coacht er international Führungskräfte und -persönlichkeiten zu Fragen des persönlichen Performings und der Wirksamkeit in Organisationen.

Herr Kreggenfeld bietet gemeinsam mit seinem Partner Peter Knapp eine Trainer- und Moderatorenausbildung an und veranstaltet auf Anfrage spezielle Präsentorik-Seminare für Trainer und Dozenten.

Weitere Informationen erhalten Sie unter
www.kreggenfeld.com   sowie unter   www.kreggenfeld-knapp.de

Den Autor erreichen Sie unter
info@kreggenfeld.de

Inhalt

1 Trainer- und Dozentenkompetenz: Präsentorik

1.1 Was sind Trainer und Dozenten – und worin liegen ihre Aufgaben?

Sowohl „Dozent" als auch „Trainer" sind keine geschützten Begriffe und beschreiben ein sehr breites Feld von Tätigkeiten.

Der Begriff Dozent ist vom lateinischen Verb docere abgeleitet, das Lehren und Unterrichten bedeutet. Auch wir verstehen heute unter Dozenten Menschen, die an Hochschulen und Bildungseinrichtungen lehren und unterrichten. Also vor allem: Lehrbeauftragte, wissenschaftliche Mitarbeiter, Professoren, Privatdozenten. Außerhalb von Hochschulen arbeiten Dozenten an Fach- und Firmenakademien, in Unternehmen sowie bei freien Bildungsträgern.

Die Bezeichnung „Trainer" stammt ursprünglich aus dem Bereich des Sports. Gemeint sind damit diejenigen, die einzelne Sportler oder ganze Mannschaften strategisch, technisch und konditionell auf Wettkämpfe vorbereiten und deswegen für den Erfolg oder Misserfolg zu einem erheblichen Teil mitverantwortlich sind. In Deutschland wird meines Wissens nach der Begriff „Trainer" seit den 1970er-Jahren auch im Umfeld von Weiterbildungen für Fach- und Führungskräfte in der Wirtschaft gebraucht. Eine klare Abgrenzung zwischen Trainer und Dozent findet im Alltag nicht immer statt.

Heute wird von Dozenten und Trainern erwartet, dass sie **Fach- und Prozesswissen verständlich vermitteln** und – besonders bei Trainern – die **Anwendung so einüben, dass die neuen Fähig- und Fertigkeiten in den Alltag transferiert werden**. Das Wissen soll also in Können übergehen – und zwar durch geeignete Übungen und Instruktionen.

In der Praxis kommt – zumindest beim Trainer – in den allermeisten Fällen noch die Funktion der Gruppenleitung und Prozessmoderation dazu. Und, je nachdem, wie er eingesetzt wird, auch die Rolle des Klärungshelfers und Systemberaters, der mit organisatorischen Regeln, Wegen und Irrwegen vertraut ist.

Der Übergang zum Coach ist mitunter fließend. Allerdings hat ein Coach weniger den Auftrag, vorgegebene Lehr- und Lernziele zu erreichen sowie Know-how und Inhalte zu transportieren, als vielmehr seinen Klienten oder Coachee zu beraten und dessen Selbstführungsfähigkeit (Selbstkompetenz) zu steigern. Dabei setzt er methodisch vorrangig auf Prozessberatung.

Der Coach braucht den Zugang zur „Innensteuerung" seiner Coachees, um zu verstehen, wie sein Gegenüber denkt. Er wird also sehr genau erforschen, wie und welche Informationen der Coachee aufnimmt, wie er sie verarbeitet, welche Schlüsse er daraus zieht und welche nicht. Anschließend wird er versuchen, die Denk- und Handlungsoptionen zu erweitern. Ein Coach gibt nur selten Lösungen vor, er entwickelt Lösungen bzw. Optionen gemeinsam mit dem Coachee. Diese sehr individuelle Arbeit findet überwiegend unter vier Augen statt.

Und obschon sich auch in Seminaren und Trainings immer wieder Coaching-Situationen ergeben können, konzentrieren wir uns hier auf die eingangs beschriebenen Rollenanforderungen an Trainer und Dozenten: fachliches und prozessuales Wissen verständlich zu vermitteln und (besonders bei Trainern) dessen Anwendung zu trainieren. Trainer initiieren und begleiten Lernprozesse in Gruppen, bauen Kompetenzen auf und testen deren Wirksamkeit im (beruflichen) Alltag. Das kann eine sehr befriedigende Profession sein. Umso mehr, je freiwilliger die Teilnehmerinnen und Teilnehmer sich zu Ihren Kursen und Seminaren anmelden.

1.2 Warum Trainer und Dozenten besonders von der Präsentorik profitieren

Das Vortragen und Präsentieren nimmt im Beruf von Trainern und Dozenten einen besonderen Stellenwert ein, weil

- alle Inhalte, die sich die Teilnehmer nicht selbst erarbeiten, von ihnen transportiert werden müssen,
- eine hohe Präsentations- und Vortragskompetenz für ihren beruflichen Erfolg ausschlaggebend ist.

Lange Zeit konnte es den Professoren und Dozenten an wissenschaftlichen Hochschulen mehr oder weniger gleichgültig sein, ob die Art und Weise ihrer Lehre teilnehmer- sprich studentengerecht war. Wer den Vorlesungen nicht folgen konnte und die Inhalte nicht verstand, musste sich auf anderen Wegen den Stoff aneignen. Immer wieder berichten beispielsweise Jurastudenten davon, dass sie die Materie erst in Repetitorien verstanden haben, die in den meisten Fällen auf dem freien Markt von privaten Anbietern gegen Honorar angeboten werden ...

Ähnliches galt und gilt in den Schulen. Kommen Schüler mit dem Lehrstil ihrer Lehrer nicht zurecht, haben sie Pech, schneiden in Klassenarbeiten schlecht ab, brauchen teure Nachhilfe oder bleiben eben sitzen.

Sowohl Professoren als auch Lehrer waren immer schon in der mächtigeren Position. Auch wenn – vor allem die Schüler – damals wie heute Wege finden, Lehrern das Leben schwer zu machen und sich so indirekt für die mangelnde Schülerorientierung revanchieren.

Trainer und Dozenten auf dem freien Weiterbildungsmarkt können sich ein solches Verhalten nicht leisten. Denn in (fast) allen Seminaren werden die Teilnehmer unmittelbar nach dem Ende oder nach einigen Wochen zu der Veranstaltung befragt:

Wie zufrieden sind Sie mit der Art und Weise der Vermittlung, den Inhalten und dem Trainer? Hatten Sie ausreichend Gelegenheit sich einzubringen? Ist es dem Dozenten gelungen, den Spannungsbogen zu halten? ...

Wer Folgeaufträge möchte, braucht gute Bewertungen! Viel stärker als in institutionellen Bildungseinrichtungen sind Sie also von dem positiven Echo Ihrer Teilnehmer abhängig. Mangelnde Präsentations- und Vortragskompetenz, fehlende Beziehungsorientierung und unzureichende soziale Kompetenzen gefährden langfristig Ihre berufliche Existenz.

Unter dem Strich brauchen Sie vielfältige präsentorische Fähigkeiten. Für einen zehn- bis zwanzigminütigen Vortrag ebenso wie für ein Drei-Tages-Seminar oder einen Lernzyklus von mehreren neunzigminütigen Einzelveranstaltungen. Dabei gilt: Je kürzer Sie mit Ihren Zuhörern zusammen sind, desto leichter ist es, einen guten Eindruck zu hinterlassen. Je länger Sie mit Ihren Teilnehmern arbeiten, desto mehr Abwechslung ist gefragt und desto anspruchsvoller ist es, einen Spannungsbogen aufzubauen und zu halten. Und genau darum geht es ja in diesem Buch.

Aber auch wenn Sie als interner Weiterbildner tätig sind, als Professor an einer Hochschule angestellt oder verbeamtet sind, wird es mehr und mehr üblich, dass die Lernenden die Lehrenden beurteilen. Ihre berufliche Grundlage mag nicht so schnell auf dem Spiel stehen wie bei Freiberuflern. Doch wer möchte sich im internen Ranking nicht lieber im oberen als im unteren Drittel wiederfinden?

Und forciert durch die Entwicklung unsere Medien lässt sich ein Trend nicht mehr umkehren:

Das Weiterbildungspublikum insgesamt wird verwöhnter, aus Education wird Edutainment. Teilnehmer wollen nicht nur eine gute Lehre, sie wollen unterhalten werden.

1.3 Sie stehen unter Dauerbeobachtung

Eines ist sicher: Sowohl diejenigen, die Sie engagieren, als auch diejenigen, die vor Ihnen sitzen, beobachten Sie sehr genau.

Besonders als freiberuflicher Trainer und Dozent sind Sie quasi unter Dauerbeobachtung:

Zunächst im Bewerbungs- oder Auftragsklärungsgespräch. Ihre Auftraggeber stellen sich mit hoher Wahrscheinlichkeit Fragen wie:

- Ist er/sie der/die Richtige für uns?
- Ist er/sie fachlich kompetent und verfügt er/sie über hinreichende praktische Erfahrungen?
- Kann er/sie mit unserer Klientel umgehen?
- Wird er/sie „ankommen", sodass die Auswahl dieses Trainers, dieser Dozentin auch positiv auf mich/uns zurückfällt?
- ...

Die Antworten geben den Ausschlag, ob Sie den Auftrag bekommen. Gut, wenn Ihre persönliche Präsentorik stimmt.

Auch in Seminaren und anderen Lehrveranstaltungen stehen Sie im Fokus der Aufmerksamkeit. Mit hoher Wahrscheinlichkeit stellen sich Ihre Teilnehmer Fragen wie diese:

- Was ist das für eine/r?
- Hat er/sie uns was zu sagen?
- Kaufe ich ihm/ihr ab, was er/sie sagt?
- Ist er/sie in der Lage, mir etwas beizubringen?
- Kann ich mich ihm/ihr gegenüber öffnen, mich in meinen Stärken und auch in meinen Schwächen zeigen?
- Wird er/sie meine Stellung in der Gruppe fördern?
- ...

Da sich in den Seminaren entscheidet, ob Sie weitere Aufträge erhalten, ist eine überzeugende Präsentorik wichtig. Ähnlich ist es in allen Vortragssituationen, auf Messen oder Kongressen.

1.4 Fachexpertise und Präsentorik – eine ausgezeichnete Verbindung

Es gibt also gute Gründe, sich intensiv mit dem persönlichen Auftritt zu beschäftigen. Auch dann, wenn Sie als Trainerin oder Dozent in erster Linie durch Ihre Expertise überzeugen wollen. Ebenso, wenn Sie sich als Wissenschaftler, Betriebswirt, Ingenieur oder als Expertin auf Ihrem Spezialgebiet verstehen, die jede mit stilistischen oder multimedialen Mitteln aufbereitete Darbietung als übertriebenen Schnickschnack ansieht.

Die Präsentorik unterstützt Sie darin, Ihre hohe fachliche Kompetenz in den unterschiedlichsten Kontexten „rüberzubringen".

Denn: Wäre es nicht bedauerlich, zwar hochgradig kompetent zu sein, aber nicht über die präsentorischen Mittel zu verfügen, um mit dieser Kompetenz bei den Menschen anzukommen? Wäre es nicht schade, wenn ein fachlich weniger qualifizierter Kollege „nur" aufgrund der besseren Darstellung besser bewertet würde?

Eine gelungene Präsentorik lässt Sie das Vertrauen Ihrer Zuhörer gewinnen – Vertrauen in Sie als Person und Mensch und in Ihre Kompetenzen und Fähigkeiten als Trainer und Dozent.

Kommunikation ist nun einmal Ihr Tagesgeschäft. Und die Art und Weise, wie Sie kommunizieren und vortragen, hat einen maßgeblichen Einfluss auf Ihren persönlichen Erfolg – auch auf den Erfolg für die Organisationen, für die Sie arbeiten.

Und halten Sie sich vor Augen: **Es ist nicht nur der Inhalt, der überzeugt, sondern vor allem der Redner und Präsentierende, der den Stoff vorträgt.**

- In der Präsentorik stehen Sie im Mittelpunkt – nicht die Präsentation!
- Sie stehen im Rampenlicht – und nicht im Halbdunkel am Rande des Bildes.
- Ihre Zuhörer hängen an Ihren Lippen – und starren nicht auf die Leinwand.

1.5   Einige Worte zur Didaktik – und zum wirksamen Trainieren

Vom Nürnberger Trichter haben Sie sicher schon einmal gehört. Er steht scherzhaft für die so genannte „Transport-Didaktik", die davon ausgeht, dass ein Lehrender einem Lernenden Wissen „eintrichtern" kann. Vereinfacht gesagt steckt dahinter die Vorstellung, dass Stoff nur (oft genug) vorgetragen werden muss, damit er in die Köpfe der Zuhörer kommt. Inhalte werden sozusagen eins zu eins von einem Gehirn in ein anderes Gehirn transportiert. Die Rolle der Lernenden ist dabei ausgesprochen passiv, vom Zuhören einmal abgesehen, werden keine weiteren Aktivitäten verlangt.

Bei einfachen Inhalten, wie dem reinen Auswendiglernen von Fachbegriffen, mag das noch funktionieren. Doch je komplexer die Themen werden, desto stärker versagt diese Methode.

In der modernen Didaktik geht man davon aus, dass Lernen eine schöpferische Leistung ist. Wissen und Inhalte werden eben nicht eins zu eins zwischen den Akteuren ausgetauscht. Menschen sind keine Computer, haben keine USB-Schnittstelle, über die Informationen auf das Hirn überspielt werden. Im Gegenteil: Inhalte, Wissen und Zusammenhänge müssen in den Köpfen der Lernenden jeweils neu zusammengesetzt und neu konstruiert werden. Die neuen Inhalte werden dabei mit bereits vorhandenem Wissen verknüpft und verglichen. Dabei werden Widersprüche aufgelöst und Gemeinsamkeiten entdeckt, bis schließlich ein eigenes Bild entsteht.

Jeder Lehrende hat sich irgendwann sein Wissen selbst erarbeitet – beispielsweise das Verständnis der Wirtschaftspolitik nach John Maynard Keynes, warum Sparen mikroökonomisch sinnvoll, makroökonomisch aber völlig falsch sein kann und was es mit der Volatilität der Investitionen und dem Unterschied zwischen Risiko und Unsicherheit auf sich hat. Den gleichen Prozess müssen Lernende durchlaufen – bis sie irgendwann das Gefühl haben: Jetzt habe ich es verstanden. Aufgrund der aktiven Teilnahme der Lernenden an diesem Lernprozess sprechen wir von einem Konstruktionsprozess – und der konstruktivistischen Didaktik.

Dieser Prozess ist ausgesprochen vielschichtig und abhängig u.a. vom Vorwissen der Teilnehmer, von deren Wahrnehmungs- und Wissensorganisation – Menschen lernen sehr unterschiedlich und nutzen unterschiedliche Wahrnehmungskanäle –, den persönlichen „Lernlandkarten", dem jeweiligen Kontext inklusive der Affektlage. Und somit auch zu einem nicht unerheblichen Teil davon, ob sie Lust haben, den Lehrenden zu folgen.

In Ihren Seminaren, Lehrveranstaltungen, bei Ihren Vorträgen und Präsentationen können Sie einiges dafür tun, dass dieser Prozess gelingt oder zumindest auf einen guten Weg gebracht wird. Zum Beispiel, indem Sie die „Goldenen Regeln der Lernrichtung" beachten und Ihre Inhalte vom Bekannten zum Unbekannten, vom Leichten zum Schweren, vom Knappen zum Umfangreichen, vom Einfachen zum Komplexen aufbauen; erst langsam vorgehen und dann schneller werden.

In der Präsentorik setzen wir diese Regel und viele andere das Lernen fördernde Prinzipien beim Vortragen und Präsentieren um. Und neben eindrucksvollen und anschaulichen Präsentationen (in der Sie die Aufmerksamkeit fokussieren) ist es jedoch am wichtigsten, dass Sie Ihre Teilnehmer von Konsumenten zu Akteuren machen, die eine aktive Rolle im Aneignungs-, Konstruktions- und Transferprozess einnehmen. Es geht darum, Gelegenheiten zu schaffen, in denen sich Ihre Teilnehmer in praktischen Übungen, in Gesprächen oder Reflexionen aktiv mit Ihren Angeboten auseinandersetzen können.

Was können Sie konkret tun?

In Seminaren und Lehrveranstaltungen
- Schaffen Sie weitestgehende Transparenz über die Ziele der Veranstaltung und beschreiben Sie auch den Nutzen, der sich für Ihre Teilnehmer daraus ergibt.
- Schaffen Sie einen Überblick über das Thema und machen Sie klar, wie Sie vorgehen wollen.

- Erkundigen Sie sich nach dem Vorwissen Ihrer Teilnehmer und auch nach deren Erwartungen an die Veranstaltung.
- Sorgen Sie dafür, dass Teilnehmer untereinander Beziehungen knüpfen können, z.B. durch wiederholte Wechsel von der Plenums- in die Kleingruppenarbeit.
- Tragen Sie so vor und präsentieren Sie derart, wie es in diesem Buch beschrieben ist – und sprechen Sie dabei möglichst viele Sinneskanäle an.
- Lassen Sie möglichst viel Raum für Fragen und Anmerkungen der Teilnehmer.
- Geben Sie den Teilnehmern Raum, sich mit den Inhalten auseinanderzusetzen in Form von Gesprächen, Diskussionen, praktischen Übungen, Rollen-, Rate-, Planspielen und anderen erlebnisaktivierenden Methoden.
- Werten Sie die gemachten Erfahrungen aus.
- Besprechen Sie mit Ihren Teilnehmern, was sie in ihren Alltag übernehmen wollen und können und wer oder was sie für einen gelingenden Transfer unterstützen kann.

In Vorträgen und Präsentationen

- Fangen Sie überraschend an, am besten mit einem Aha-Erlebnis gleich zu Beginn.
- Führen Sie ohne Hektik in das Thema ein und sagen Sie, was Sie mit Ihrer Präsentation erreichen wollen, welche Rolle sie im Gesamtzusammenhang spielt, welche Funktion sie übernimmt.
- Machen Sie auch deutlich, was Sie persönlich mit diesem Thema verbindet, was Ihnen daran liegt und was daran für Sie das Faszinierende ist.
- Sagen Sie, wie Ihr Vortrag aufgebaut ist, wie lange Sie sprechen werden, wie Sie mit Fragen umgehen wollen und auch, ob es Hand-outs gibt, wie der Vortrag dokumentiert wird und wo man das Ganze nochmal nachlesen kann.
- Wenn Sie mögen: Fokussieren Sie die Aufmerksamkeit Ihrer Teilnehmer, indem Sie sie etwa zum Schreiben von stichwortartigen Notizen auffordern. Beispielsweise in einem Vortrag über Führungskompetenzen: „Welche der vorgestellten Kompetenzen erlebe ich bei meinem Vorgesetzten?"
- Jetzt steigen Sie inhaltlich ein – und halten Ihren roten Faden.
- Arbeiten Sie mit Praxisbeispielen aus dem Alltag Ihrer Teilnehmer (bei Vorträgen zum Thema „Verhandlungstechniken" vor Innendienst-Mitarbeitern kommen Beispiele besser an, die das Punktesystem der leistungsgerechten Bezahlung problematisieren; sind die Zuhörer überwiegend im Außendienst, bieten sich Preisverhandlungen mit Kunden als Beispiele an).
- Werfen Sie das Kopfkino Ihrer Teilnehmer an – auch durch so genannte Tranceinduktionen. Das sind sprachliche Formulierungen, wie z.B. „Stellen Sie sich einmal vor ...", die die Zuhörer sehr anschaulich und erlebbar in bestimmte Situationen führen oder sie daran erinnern. Etwas ausführlicher könnte sich das folgendermaßen anhören: „Vielleicht hatten Sie schon einmal ein mulmiges Gefühl im Bauch vor einem Gespräch mit Ihrem Vorgesetzten. Wie wird er wohl reagieren, wenn ich das Angebot ablehne? Verbaue ich mir damit meine Zukunft? Vielleicht war es ein

langer Prozess, bis Sie zu dieser Entscheidung gekommen sind. Eventuell haben Sie sich abgestimmt mit Ihren Kollegen oder Freunden, mit der Familie ... Und genau in solchen Situationen kann uns das Modell des inneren Teams weiterhelfen ..."

- Nutzen Sie Livebeispiele, indem Sie z.B. in einer Präsentation über Mitarbeitergespräche einen autoritären Vorgesetzten ebenso schauspielernd darstellen wie einen kooperativen und einen Laissez-faire-Vorgesetzten.
- Portionieren Sie Ihre Inhalte, machen Sie Pausen und geben Sie den Teilnehmenden bei längeren Vorträgen Zeit, sich zwischendurch untereinander auszutauschen, z.B. in Partnerarbeit oder Murmel-Gruppen – möglicherweise auch noch mit Arbeitsaufträgen oder Impulsen wie: „Wie stehen Sie zu dem Vorgetragenen? Was regt Sie an? Was lehnen Sie ab?"
- Leiten Sie nach dem Ende Ihrer Präsentation zu Aktivitäten über, in denen
  - ▸ Ihre Teilnehmer reflektieren („Welche der vorgestellten Handlungsempfehlungen sind mir bei meinen Führungskräften bereits begegnet?"),
  - ▸ Ihre Teinehmer Ihre Anregungen praktisch ausprobieren (in einem Rollenspiel, einem fingierten Interview oder einer kurzen Übungssequenz, z.B. zum Thema Fragetechnik),
  - ▸ sie die Themen in anderer Art und Weise weiterbearbeiten können (z.B. durch die fortlaufende Bearbeitung eines Transferprojekts).

All diese Punkte vertiefen wir in Kapitel 4 „Der Masterplan für eine wirkungsvolle Präsentation". Sie führen einerseits dazu, dass Präsentationen und Vorträge zu Recht eine so prominente Rolle im Lehr- und Lernprozess spielen. Darüber hinaus sorgen Sie so dafür, dass sie stimmig in ein modernes Gesamtkonzept integriert werden.

2 Die vier Säulen der Präsentorik: Präsenz, Prägnanz, Beziehung, Botschaft

Kommt ein Trainer oder Dozent gut an, haben die Teilnehmer oder Zuhörer einen stimmigen Gesamteindruck. Die meisten Menschen hinterfragen das nicht weiter. Sie merken einfach, dass sie sich angesprochen fühlen, dass sie dem Vortragenden seine Inhalte und Meinung „abkaufen" und dass es Spaß gemacht hat, zuzuhören.

Schaut man einmal etwas genauer hin, warum ein Trainer oder Dozent gut an-kommt und ein anderer nicht, fällt auf, dass erfolgreich Sprechende auf vier Feldern punkten.

- Sie wirken präsent, echt und sind von ihrem Thema begeistert.
- Sie folgen inhaltlich einem roten Faden und kommen zum Punkt.
- Es gelingt Ihnen, eine positive Beziehung zum Publikum aufzubauen.
- Sie haben eine Message, ein Ziel – und bringen das einprägsam rüber.

Diese vier Felder sind im übertragenen Sinne die vier Säulen, auf denen eine erfolg-reiche Präsentorik steht. Sie basieren im besten Fall auf einem breiten Wissensfun-dament, einer profunden Fachexpertise.

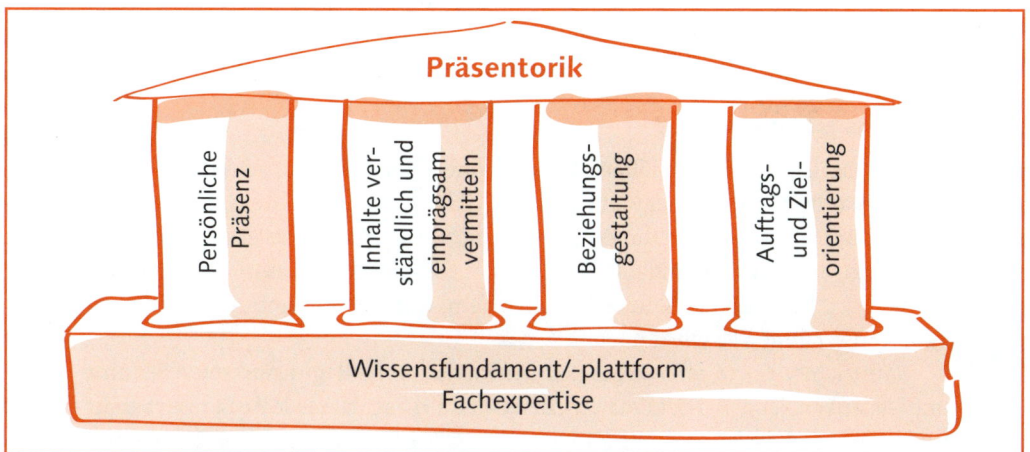

Die vier Säulen der Präsentorik

Eine gelungene Präsentation braucht diesen starken Unterbau. Ist eine dieser Säu-len windschief oder fängt sie beim kleinsten Lufthauch an zu wackeln, gerät die ganze Konstruktion ins Wanken.

Wie Sie die vier Säulen standfest machen und was genau sich hinter den einzelnen Säulen und Begriffen verbirgt, darum geht es in diesem Kapitel.

2.1 Die erste Säule: Echtheit und persönliche Präsenz

Darum geht es:

- Echtheit, die in allen Medien viel beschworene Authentizität, und Natürlichkeit führen in der Regel dazu, dass Trainer und Dozenten glaubwürdig erscheinen. Die persönliche Präsenz versetzt Sie in die Lage, mit der Präsentationssituation professionell und lebendig umzugehen, auf Ihr Publikum und Ihre Teilnehmer einzugehen und auch auf Unvorhergesehenes stimmig zu reagieren.

- Wie Sie diese Erfolgsfaktoren bei sich auf- und ausbauen und sie so für sich persönlich nutzen können, das erfahren Sie auf den folgenden Seiten.

Das ist Ihr Nutzen:

- Sie wissen, in welchen Situationen es stimmig ist, mehr von sich zu zeigen – und in welchen weniger.

- Sie kennen die Vorteile der persönlichen Präsenz und gehen wach und aufmerksam mit sich, der Situation, den Zuhörern und dem Thema um.

- Sie werden Ihrer professionellen Rolle gerecht und werden wahrgenommen als Persönlichkeit, der man Inhalte und Meinung „abkauft".

- Sie lernen Möglichkeiten kennen, mit eigenen und fremden „Störgefühlen" umzugehen, mit Ihren inneren Ressourcen in einen guten Kontakt zu kommen und negative Gedanken in eine positive Richtung zu drehen.

Echtheit – was ist das genau?

Echtheit hat etwas mit Ehrlichkeit zu tun – und auch mit Natürlichkeit. Wer echt ist, dem kauft man ab, was er sagt und spürt, dass er hinter dem steht, was er sagt.

Echt wirkt der, bei dem die Körpersprache zu dem passt, was er sagt. Wenn jemand sagt, er freut sich, und dabei ein ernstes Gesicht macht, passt offensichtlich etwas nicht. Da klafft die Schere zwischen dem, was wir hören und dem, was wir sehen, auseinander. Es wirkt unecht.

Natürlich wirkt in aller Regel der, der menschliche Regungen, seine Gefühle und Gedanken zeigt. Bei dem man nicht das Gefühl hat, dass jede Äußerung bereits zwölfmal durchdacht und auf alle möglichen Fehlinterpretationen hin geprüft wurde. Sicher kennen Sie den Ausdruck „Apparatschik", er bezeichnet das Gegenteil von Natürlichkeit, die abgeschlossene Metamorphose vom lebendig wirkenden Menschen zum Roboter. Da bedarf es eines hohen Kontrollaufwands, um jegliche menschlichen und natürlichen Regungen zu unterdrücken.

Echtheit in der Trainer- und Dozentenrolle

Wer als Trainer und Dozent Echtheit und Natürlichkeit vermittelt, kommt in Präsentationen in aller Regel an.

Vor allem, wenn beides stimmig dosiert ist, sodass es zu Ihrem Auftrag, Ihrem Thema, Ihrem Publikum – zum Kontext also – passt.

Das ist eine wichtige Ergänzung. Denn ein falsches Verständnis von Echtheit wäre z.B. eine taktisch unkluge Selbstkundgabe, in der ein Trainer sagt, dass er nur deswegen Trainer und Dozent geworden ist, weil er in allen anderen beruflichen Stationen grandios gescheitert ist. Echtheit ist nicht als Aufruf zum Seelenstriptease zu verstehen, bei dem wir unseren Zuhörern und Teilnehmern unser Herz ausschütten und ihnen Dinge erzählen, die sie gar nicht hören wollen. Echt sein heißt auch nicht, alle natürlichen Regungen und Impulse jederzeit auszuleben und Firmenpolitik und Abhängigkeitsverhältnisse zu ignorieren.

Schulz von Thun hat in Anlehnung an Hellwig die so genannten **„Werte- und Entwicklungsquadrate"** eingeführt. Die Idee dahinter lautet: Jeglicher Wert, jegliche Tugend braucht eine Schwestertugend, einen weiteren Wert, der dabei hilft, nicht in die Übertreibung zu gehen.

Übertreiben wir es beispielsweise mit der Echtheit und machen jegliche Gedanken- und Gefühlslage öffentlich, würden wir wahrscheinlich schnell bei einer naiven Unverblümtheit landen und Informationen ausplaudern, die uns selbst schaden. Oder wir konfrontieren den anderen völlig taktlos mit Vorwürfen.

Im besten Falle gesellt sich zur Echtheit also ein gewisses Taktgefühl, ein Situationsbewusstsein, das dafür sorgt, dass ich mir selbst nicht schade und andere nicht zu stark vor den Kopf stoße.

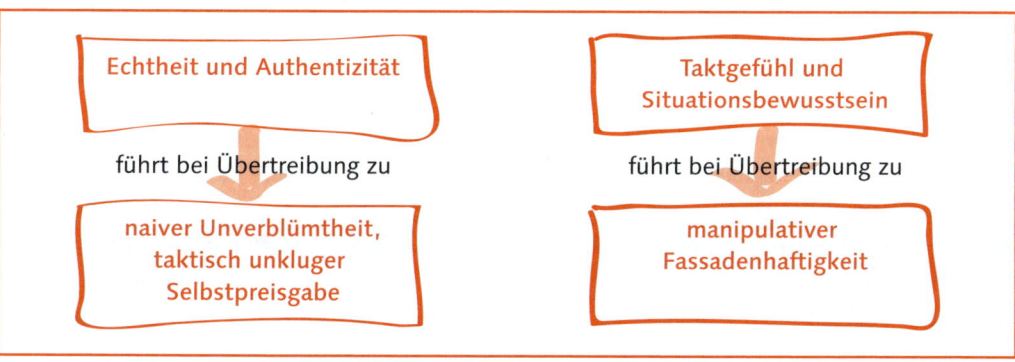

Wenn Sie zum Zahnarzt gehen, erwarten Sie mit großer Wahrscheinlichkeit, dass er die Ursachen Ihrer Zahnschmerzen findet und behebt. Würde er Ihnen stattdessen erzählen, welche Sorgen er aktuell mit seiner Schwiegermutter hat, würde Sie das vermutlich befremden. Weil Sie eine andere Rollenerwartung an ihn haben. Vermischt sich die legitime Hoffnung auf professionelle Hilfe mit einem Zuviel an privater oder gar intimer Information, irritiert das die meisten Menschen. Beim Zahnarzt ebenso wie bei einem Trainer oder Dozenten.

Wenn Sie also eine Rede oder Präsentation halten, hat Ihr Publikum bestimmte Erwartungen an Sie. Ganz allgemein kann man wohl sagen: Es möchte Impulse, Neuigkeiten, neues Wissen, Erklärungen und Empfehlungen. Zudem wünschen sich die meisten Zuhörer, dass Vortragende echt, kompetent, souverän und locker daherkommen. Je positiver wir diese Erwartungshaltung übertreffen, desto besser kommen wir an. Das allerdings kann eine richtige Herkulesaufgabe sein.

Unsere Echtheit sollte im richtigen Verhältnis zu den Erwartungen an uns ausbalanciert sein. Klafft die Schere zu weit auseinander, fallen wir aus der Rolle, werden als „neben der Spur" wahrgenommen und verlieren Boden, den wir nur schwer wiedergutmachen können.

Deswegen sind wir gut beraten, die Erwartungen, die an uns gestellt werden, ebenso zu „genauern" wie unseren Umgang damit. Folgende Fragen helfen dabei:
• Welche Anforderungen und Erwartungen werden in meiner aktuellen Rolle an mich gestellt?
• Welche davon kann und will ich annehmen und erfüllen – und welche nicht?
• Wie finde ich in dieser Auseinandersetzung zu einer Haltung, die es mir ermöglicht, meine Rolle kraftvoll auszufüllen?

Mir – und sicher auch anderen – passiert es zum Beispiel immer wieder, dass Teilnehmer in Führungstrainings gerne ihr Idealbild einer Führungskraft aufpoliert bekommen wollen: Cool, freundlich und gelassen wollen sie auf alle unvorhersehbaren und problematischen Situationen reagieren – und möglichst wenig von ihrer Unsicher- und Unbeholfenheit, von ihren Enttäuschungen und Verletzlichkeiten reden. Nur: Ich teile diese Rollenerwartung nicht. Ich glaube, dass Führungskräfte sich sehr wohl auch einmal unsicher, enttäuscht oder auch wütend zeigen dürfen – sicher nicht immer und auch nicht überall – und dass das die Qualität ihrer Führungsleistung sogar erheblich steigern kann.

Was Sie in welcher Situation von sich zeigen oder preisgeben, ist stark von der Unternehmenskultur und auch vom gesamten Kontext Ihrer Veranstaltung oder Ihres Beitrags abhängig – und natürlich auch von der Art und Weise, wie Sie diese Rolle ausfüllen wollen.

Je größer und unpersönlicher das Auditorium, je verschulter und für die Teilnehmer verpflichtender die Veranstaltung ist, desto geringer werden in vielen Fällen die Erwartungen der Zuhörer hinsichtlich Ihrer Selbstkundgabe sein. Je kleiner die Gruppe und je persönlicher das Thema und die Atmosphäre sind, umso mehr kann die Erwartung Ihrer Teilnehmer steigen, von Ihnen auch etwas Persönliches oder sehr persönliche Einschätzungen zu hören.

Auch gibt es immer wieder Teilnehmer, die Ihnen auf den Zahn fühlen und wissen wollen: „Was ist das da für einer, der vorne steht und vermeintlich kluge Sachen redet?"

Wie echt Sie dann sein wollen und können, gilt es immer wieder neu auszubalancieren.

Echtheit und das Innere Team

In einem Führungskräfteseminar bin ich einmal nach meiner Einschätzung zu einer großen Umstrukturierung im Konzern gefragt worden, die offenkundig von mehreren der anwesenden Teilnehmer sehr negativ beurteilt wurde. Mein Eindruck war, das wollen sie jetzt von mir als „Fachmann" auch bestätigt haben. Und nach allem, was ich bis dato von der Umstrukturierung gehört hatte, war ich geneigt, diese negative Einschätzung zu teilen. Es wäre mir also leichtgefallen, sehr empathisch auf die Teilnehmer zu reagieren.

Gleichzeitig konnte ich mir nicht vorstellen, dass nicht auch eine positive Absicht und gute Gründe hinter der Umstrukturierung standen. Zudem wollte ich mich auch loyal zu meinem Auftraggeber verhalten, von dem ich nicht wusste, wie er zu der Umstrukturierungsmaßnahme stand. Ein gewisser professioneller Abstand zu den sehr emotionalen Teilnehmerbeiträgen war in meinen Augen also dringend geboten.

Kurz und gut, in mir regte sich eine ganze Reihe unterschiedlicher Stimmen, Ansichten und Einstellungen. Bildlich gesprochen meldeten sich da:

- **der Empathische,** der die Unzufriedenheit der Teilnehmer gut versteht;
- **der Organisationsberater,** der sich für die Hintergründe der Umstrukturierung interessiert;
- **der Loyale,** dem an einer intakten Beziehung zu seinem Auftraggeber liegt;
- **der Stratege,** der für sich abwägt, was er hier tun oder nicht tun sollte, um weitere Aufträge sicherzustellen.

Mit dem Modell des Inneren Teams, einer Metapher Schulz von Thuns für die Pluralität des menschlichen Innenlebens, kann man diese Stimmen als Innere Teammitglieder begreifen, die von einem Oberhaupt (dem bewussten Ich) geleitet werden. Eine Grundannahme dahinter ist, dass jedes Teammitglied eine wichtige Funktion im Gesamtsystem hat.

Echtheit in der Trainer- und Dozentenrolle kann dann auch bedeuten, den Inneren Teammitgliedern Gehör zu verschaffen und auf diesem Wege die verschiedenen Ansichten und inneren Einstellungen, die wir zu einem Thema haben, transparent zu machen.

In der Diskussion untereinander könnten die Teammitglieder sich etwa folgendermaßen äußern:

Das innere Team

„Wissen Sie, bei mir kommt aktuell an, dass Sie aus Ihrer Sicht gute Gründe haben, die Umstrukturierung voll und ganz abzulehnen. Seitdem hat sich für Sie nach Ihrem Erleben viel verschlechtert, warum sollten Sie das gut finden?

Und möglicherweise hat man sich zu wenig damit auseinandergesetzt, was diese Maßnahme für einzelne Akteure – also für Sie – bedeutet.

Gleichzeitig interessieren mich auch die Gründe, die für die Umstrukturierung gesprochen haben. Ich möchte Ihnen auch nicht verschweigen, dass es mir wichtig ist, mich meinem Auftraggeber gegenüber loyal zu verhalten – und jetzt nichts zu sagen, was mir im Nachhinein möglicherweise zu meinem Nachteil ausgelegt werden könnte."

In diesem Beispiel sind alle vier Teammitglieder zu Wort gekommen. Das muss nicht sein; vor allem, wenn sich auch Innere Teammitglieder melden, deren Äußerung Sie später bedauern würden. Was kommuniziert wird, sollte auch hier in einer stimmigen Balance aus Echtheit und Situationsbewusstsein stehen.

Mit etwas Übung im „In-sich-Hineinhorchen" kann das Innere Team uns davor bewahren, uns vorschnell in eine Richtung festzulegen und uns dabei helfen, auch in heiklen Situationen echte und differenzierte Äußerungen zu machen. Das lernt man sicher nicht über Nacht, es funktioniert auch nicht immer, die Beschäftigung damit ist aber sehr lohnend.

- Was regt sich da in mir?
- Was davon kann und will ich hier veröffentlichen?
- Oder ist so viel los, dass ich mir erst einmal Aufschub erbitte, um mich innerlich zu klären?

Möglicherweise entdecken Sie in sich aber auch einen offiziellen und diplomatischen Kontaktmanager, der heikle Situationen souverän umschifft – und im o.a. Beispiel sagen könnte:

„Gerne möchte ich etwas aus meiner Sicht zu der Umstrukturierung sagen. Dazu kenne ich die Hintergründe aber noch zu wenig. Sprechen Sie mich gerne in zwei bis drei Monaten erneut an, dann bin ich sicher weiter in meiner eigenen Meinungsbildung."

Und auch das ist eine gute Möglichkeit, wenn es eben nicht zu fassadenhaft wirkt.

Was ist persönliche Präsenz?

Mit persönlicher Präsenz meine ich hier zunächst die Fähigkeit, alle Aufmerksamkeit auf diesen Moment und diese Präsentation zu richten. Der „interne Arbeitsspeicher" ist zu möglichst 100 % frei für diese Präsentation und alles, was darum herum geschieht.

Persönlich präsent ist auch derjenige, der in einem guten Kontakt mit sich selbst und der Situation ist – und auf dieser Basis in stimmiger Art und Weise auf die Zuhörer und das Thema zugeht. Stimmig heißt in diesem Fall: Ein Gefühl dafür zu haben, welche Inhalte, welche Ansprache und welche Tonalität in dieser Situation zu diesen Teilnehmern und Zuhörern passt – was also anschlussfähig ist.

Sie merken, dass jemand präsent ist, wenn Sie ihm in die Augen schauen: Da ist ein wacher Blick, Ihr Gegenüber ist voll und ganz bei der Sache. Alle Sinne sind auf Empfang geschaltet.

Kommt ein guter Schuss Vitalität dazu, schadet das auch nicht – es darf „Strom auf der Leitung" sein, sollte aber möglichst nicht überdreht und aufgezogen wirken.

Auf der anderen Seite merken wir in der Regel – und je nach Schauspieltalent der betroffenen Akteure –, wenn jemandem noch „etwas hinterherhängt" oder auch „etwas bevorsteht". Da lastet etwas auf den Schultern, beansprucht dauerhaft einen Teil der Aufmerksamkeit und reduziert damit die persönliche Präsenz.

Mit einem ausgeprägten „Ich-spiele-den-anderen-etwas-vor-Geschick" kann sich der ein und andere da ganz passabel aus der Affäre ziehen. Und bis zu einem gewissen Grad kennt das wohl jeder von uns: Man verdrängt die „unangenehmen" Gedanken und Gefühle, macht seinen Job und erst auf der Heimfahrt fällt einem wieder ein, wie dreckig es einem geht und worum man sich jetzt dringend einmal kümmern sollte.

Damit keine Missverständnisse aufkommen: Man kann auch gute Präsentationen halten, wenn man mal nicht so gut drauf ist. Wer persönlich präsent ist, muss kein Supermann sein, er darf auch nachdenklich und schüchtern sein. Hermann Hesse hat dazu einmal gesagt: „Es ist nicht meine Aufgabe, das objektiv Beste zu geben, sondern das Meinige, so rein und aufrichtig wie möglich."

Übungen zur Förderung der persönlichen Präsenz

Was können wir tun, um in eine gute körperlich-energetische Lebendigkeit zu kommen, die es uns ermöglicht, wach und präsent auf das Thema, unsere Zuhörer und das ganze Umfeld einzugehen?

Es gibt dazu eine ganze Reihe von Möglichkeiten, von denen ich zwei hier vorstelle:

- Ein sehr bewusster Umgang mit Ihrem aktuellen Fühlen, Spüren und Denken / Präsenz durch Körperbewusstheit
- Die Klopfmethode

Gehen Sie sehr bewusst auf Ihr aktuelles Fühlen, Spüren und Denken ein:

Ziehen Sie sich 15 Minuten in einen Raum zurück, in dem Sie ungestört sind. Setzen Sie sich auf einen Stuhl, nehmen Sie einige ruhige Atemzüge, schließen Sie, wenn Sie mögen, die Augen. Schalten Sie alle Sinne auf Empfang und werden Sie sich zunächst des Bodenkontakts bewusst. Mit welchen Stellen Ihres Körpers berühren Sie den Boden oder den Stuhl? Spüren Sie, wie der Boden Sie stützt? Gehen Sie dann mit Ihrer Aufmerksamkeit auf den Raum. Nehmen Sie den Raum vor Ihnen wahr – und den Raum hinter Ihnen. Den Raum über Ihnen und neben Ihnen. Die Temperatur, die Geräusche und Gerüche.

Gehen Sie dann mit Ihrer Aufmerksamkeit nach innen. Setzen Sie sich aufrecht hin und werden Sie gewahr, wie Ihr Atem einströmt und ausströmt. Während Sie sich in dieses einfache Gewahrsein von Einatmen und Ausatmen hinein entspannen, werden Sie wahrscheinlich hunderte von Gedanken bemerken, die Ihnen durch den Kopf gehen. Von manchen können Sie sich leicht lösen, andere ziehen Sie vielleicht in lange Gedankengänge hinein. Sobald Sie merken, dass Sie einem Gedanken nachjagen, konzentrieren Sie sich einfach wieder auf Ihren Atem. Jeder Atemzug versorgt Ihren Körper mit Energie – jedes Ausatmen hilft Ihnen, gelöst zu sein. Machen Sie das etwa eine Minute lang.

Wenn Sie mögen, können Sie dann noch in alle Körperteile hineinspüren: in die Füße, die Unter- und Oberschenkel, das Becken, den Rücken, den Bauch-Brustbereich, die Schultern, Arme und Hände, schließlich in den Hals, den Kopf und das Gesicht. Die Empfehlung eines Zen-Gelehrten dazu lautet, Körperteil für Körperteil durchzugehen und dabei den folgenden Satz zu sprechen: „Ich bin mir meiner Füße (Beine, Arme, Hände usw.) bewusst und lächle ihnen zu."

Dieses innere Zulächeln sorgt bei vielen Menschen für wohltuende Entspannung und Gelöstheit.

Stellen Sie sich nun in diesem Ruhezustand die anstehende Seminar-/Präsentations-situation vor und verbinden Sie sich dabei mit den Qualitäten, die Sie gerne zeigen möchten: Kompetent, humorvoll, sicher, lebendig – was auch immer.

Lassen Sie die Übung noch ein wenig nachwirken und öffnen Sie dann Ihre Augen.

Die Klopfmethode ist eine Methode aus der energetischen Psychologie und macht sich u.a. das Wissen der traditionellen chinesischen Medizin über Energiebahnen und -punkte unseres Körpers zu Nutze. Die Idee dahinter ist, dass belastende Gefühle durch eine Blockade im Energiesystem hervorgerufen bzw. aufrechterhalten werden. Durch Klopfen mit den Fingerspitzen oder -knöcheln auf bestimmte Punkte am Körper (z.B. auf dem Schlüssel- und Brustbein), wird der innere Energiefluss angeregt und die Blockaden lösen sich auf.

Zudem werden Drüsen aktiviert und Botenstoffe ausgesendet, die Sie auf ein höheres körperlich-energetisches Niveau bringen können. Davor werden in der Regel Sätze ausgesprochen, die die Selbstakzeptanz verbessern. So ein Satz könnte zum Beispiel lauten: „Auch wenn ich vor und in Präsentationen und Seminaren immer wieder sehr aufgeregt und angespannt bin, liebe und akzeptiere ich mich, so wie ich bin."

Je nach Schule wird zwischen drei, acht und 16 Klopfpunkten unterschieden. Das eigentliche Klopfen ist eingerahmt von verschiedenen vor- und nachbereitenden Übungen. In Anlehnung an Dr. med. Michael Bohne kann eine komplette Klopfsequenz folgendermaßen aussehen:

- Sie konzentrieren sich auf ein Gefühl, das Sie gerne verändern möchten.
- Sie ordnen dieses Gefühl auf einer Unangenehm-Skala von 1-10 ein.
- Sie führen verschiedene Übungen durch, in denen Sie Hände und Beine über Kreuz bewegen. Sie sollen die Synchronisierung der Hirnhälften verbessern.
- Weiter geht es mit einer Akzeptanzübung: Auch wenn ich dieses oder jenes unangenehme Gefühl spüre, liebe und akzeptiere ich mich so, wie ich bin.
- Jetzt werden die Akupunkturpunkte geklopft; dabei denken Sie an die unangenehmen Gefühle.
- Es folgt eine Zwischenentspannung.
- Sie klopfen die Akupunkturpunkte ein zweites Mal.
- Sie schließen mit einer Abschlussentspannung.

Falls das unangenehme Gefühl noch sehr stark ist, können Sie den beschriebenen Zyklus mehrfach durchlaufen.

Die meisten Menschen, die diese Übungen absolvieren, fühlen sich danach wacher und präsenter. Vorteil dieser Methode: Sie ist auch in sehr wenig Zeit praktizierbar und schnell zu erlernen. In der Literaturliste finden Sie dazu den Titel „Einfach Klopfen". Probieren Sie es aus?

Was tun bei „Störgefühlen"?

Der erste Schritt ist immer: **„Störgefühle" wie Sorgen und Unruhe wahrzunehmen und anzuerkennen – sowie in einem weiteren Schritt innerlich auf Distanz zu ihnen zu gehen.** Vielleicht merken Sie auch, dass ganz bestimmte Themen, die Sie belasten, die Präsenz-Energie ziehen. Probieren Sie dazu doch einmal Folgendes aus:

Schreiben Sie alles auf und notieren Sie dazu, wann Sie sich damit beschäftigen wollen bzw. können – und tun Sie es dann tatsächlich auch.

Sind Sie eher der visuelle Typ, dann können Sie sich gerne vorstellen, wie Sie Ihre Gedanken in eine große Kiste legen, sie fest verschließen, am besten mit einem dicken Knoten, und sie dann in ein Kellerregal stellen. Jetzt drehen Sie sich in Gedanken um, schließen die Kellertüre hinter sich und gehen nach oben ans Tageslicht.

Was Sie aktuell nicht lösen oder bearbeiten können, ist in der Kiste gut aufgehoben.

Und auch hier gilt: Gehen Sie rechtzeitig wieder hinunter, packen Sie die Probleme aus und schaffen Sie sie nach Möglichkeit aus der Welt – sonst fliegen sie Ihnen eines Tages um die Ohren – und nach Murphy's Law entweder direkt vor oder während einer Präsentation.

Unter der Überschrift „Lampenfieber" (siehe Kap. 10) werden wir das noch vertiefen.

Es gibt noch eine andere Variante, die sich besonders für vertrautere oder nicht so große Runden eignet: Sprechen Sie einfach an, was Ihnen im Magen liegt. Wenn Sie an den Folgen einer Zahnwurzelbehandlung leiden oder Sie einen Krankenfall zuhause haben, an den Sie aus verständlichen Gründen denken müssen – hat (fast) jeder Verständnis dafür. So machen Sie erklärlich, warum Sie nicht wirklich „happy" daherkommen – und in vielen Situationen sammeln Sie damit Pluspunkte.

Michael Schumacher, siebenfacher Formel-1-Weltmeister, wurde einmal gefragt, ob er beim Start auch an seine Unfälle denke. „Wenn ich das machen würde, bräuchte ich gar nicht erst losfahren", war seine Antwort. Seltsamerweise neigen besonders angehende Trainer und Dozenten immer wieder dazu, sich alles in den schwärzesten Farben auszumalen, erinnern sich an Fauxpas und Patzer, die ihnen in der Schule einmal unterlaufen sind, oder an Missgeschicke, die Jahrzehnte zurückliegen. Sicher, man kann von solchen Gedanken und Gefühlen regelrecht überschwemmt werden und sieht keine Möglichkeit, sich dagegen zu wehren.

Häufig aber ist ein inneres „Stopp!" hilfreich. Und auch dazu brauchen wir den inneren Abstand. Vielen Menschen hilft in solchen Situationen die so genannte Fragmentierung. **Fragmentierung** bedeutet, dass etwas in Ihnen aktuell von Unsicherheitsgefühlen o.Ä. überwältigt wird. Und darin liegt dann gleichzeitig die Chance, aus der Negativ-Spirale auszusteigen. In dem Moment, in dem Sie beobachten, dass Sie unsicher werden, wird deutlich: Sie sind mehr, als dieses „Etwas". Es gibt das „Etwas", es gibt aber auch einen Beobachter. Und vermutlich noch etwas anderes: Etwas in Ihnen weiß, dass Sie kompetent sind, etwas in Ihnen freut sich möglicherweise auch auf den Vortrag. Nur sind diese anderen Qualitäten nicht immer spürbar. **Die Einsicht, dass die negativen Gedanken nur ein Teil von Ihnen sind, kann der erste Schritt in eine andere Gemütslage sein.**

Das funktioniert dann am besten, wenn es Ihnen gelingt, an dieses innere „Stopp" anschließend sofort ein anderes „Programm" zu aktivieren. Dieses Vorgehen ist ein zentrales Prinzip der Alexandertechnik, auf die wir in Kapitel 10 „Lampenfieber" erneut zu sprechen kommen. Die Psychologie spricht hier von einer Ressourcenaktivierung und meint damit z.B. Erinnerungen an Situationen, die erfolgreich und ausgesprochen positiv verlaufen sind.

Die folgenden Fragen können ein Weg sein, diese Ressourcen anzuzapfen:
Erinnern Sie sich an Präsentationen und Seminare, die gut gelaufen sind – was genau ist da passiert?

- Wo haben Sie eine besonders schöne Resonanz erhalten?
- Wann haben Ihre Teilnehmer außerordentlich gut zugehört?

Mehr zum Thema Ressourcenaktivierung erfahren Sie in den Kapiteln 8 „Charisma" und 10 „Lampenfieber".

Störgefühle im Publikum

Störgefühle kommen nicht nur bei Ihnen vor, sondern auch bei den Menschen in Ihrem Umfeld. Sind Sie präsent und aufmerksam, werden Sie merken, was um Sie herum geschieht.

Stellen Sie sich vor: Sie leiten ein Seminar durchschnittlicher Größe und von Anfang an kreuzen einige Teilnehmerinnen und Teilnehmer ihre Arme, reiben ihre Hände und schauen unbehaglich drein. Wer präsent ist, hält inne und erkundigt sich, was los ist. Mit großer Wahrscheinlichkeit werden Sie dann hören, es wäre kalt, die Klimaanlage zu hoch gedreht oder andere sich auf die Temperatur beziehende Missfallensbekundungen. Jetzt können Sie reagieren: die Heizung aufdrehen, die Klimaanlage herunterfahren lassen oder den Teilnehmern die Möglichkeit geben, sich etwas überzuziehen. Sie werden es Ihnen danken – selbst dann, wenn keine Veränderung in Richtung höhere Temperatur möglich ist.

Unternehmen Sie dagegen nichts, können Sie davon ausgehen, dass weder Sie noch Ihre Beiträge so ankommen, wie es unter besseren äußeren Bedingungen der Fall gewesen wäre.

Das Wichtigste in Kürze

- Echtheit heißt nicht, alle natürlichen Regungen und Impulse jederzeit auszuleben und Firmenpolitik und Abhängigkeitsverhältnisse zu ignorieren – sondern sie passend zum Auftrag, zu Ihrem Thema, Ihrem Publikum zu zeigen und einzusetzen.
- Sie werden dann glaubwürdig, wenn Sie sich aktiv mit den Erwartungen an Sie auseinandersetzen und dann entscheiden, welche davon Sie wie erfüllen wollen.

- Achten Sie auf Störgefühle, die Ihnen Energie abziehen und verhindern, dass Sie Ihre Ressourcen vollständig ausnutzen können. Versuchen Sie, konstruktiv mit ihnen umzugehen und nutzen Sie die hier besprochenen Möglichkeiten, um in der Präsentationssituation hinreichend persönlich präsent zu sein.

- Mit dem Wertequadrat und dem Inneren Team haben Sie zwei Werkzeuge zur Hand, die Sie dabei unterstützen können, die Trainer- und Dozentenrolle in Ihrer Art professionell und authentisch auszufüllen.

- Wenn Sie von Erinnerungen an schlecht gelaufene Seminare oder andere Misserfolge überflutet werden, lenken Sie Ihre Gefühle mit der Methode der Fragmentierung in eine positive Richtung. Dafür nutzen Sie das Wissen, dass Ihre negativen Gedanken eben nur ein Teil von Ihnen sind.

- Haben Sie ein waches Auge auf Ihr Publikum, trauen Sie Ihrer Wahrnehmung und sorgen Sie auch für stimmige „äußere" Umstande, unter denen man Ihnen gerne zuhört.

2.2 Die zweite Säule: Inhalte anschaulich und einprägsam vermitteln

Darum geht es:

„Was hat das mit unserem Thema zu tun?" „Worum geht es eigentlich genau?" „Weiß jemand, wo der rote Faden ist?"

Wenn während Ihres Vortrags solche Fragen auftauchen, läuft etwas schief. Zumindest wenn die Zuhörer in einem „normalen" Empfängerstatus sind und nicht abgelenkt werden durch eigene Aktivitäten wie Mails schreiben oder intensive Seitengespräche führen.

Erfahren Sie jetzt, was Sie unternehmen können, damit Ihre Zuhörer und Teilnehmer Ihnen folgen und jederzeit bei Ihnen sind.

Das ist Ihr Nutzen:

- Sie sind dafür sensibilisiert, wie wichtig es ist, laufend Orientierung zu geben und Transparenz zu schaffen.

- Sie bekommen erste Tipps für einfache und wirkungsvolle Strukturierungen.

- Sie lernen Kürze, Prägnanz, Einfachheit sowie ein klares Sprechen, Situationsbezug und zusätzliche Stimulanz als Erfolgsfaktoren einprägsamer Präsentationen kennen.

- Sie erfahren, wie Sie Ihre Zuhörer mit offenen Fragen und zielgruppengerechten Beispielen bei der Stange halten.

Lesen wir ein Buch oder einen Zeitungsartikel, haben wir immer die Chance, uns eine Orientierung zu verschaffen: über das Inhaltsverzeichnis, über Headlines oder ganz einfach dadurch, dass wir die letzten Zeilen erneut lesen. Zuhörer einer Präsentation, Teilnehmern und Teilnehmerinnen in einem Seminar ist das dagegen nur sehr eingeschränkt und in den seltenen Fällen möglich, in denen ein Vortrag oder eine Präsentation wirklich gut medial unterstützt wird. Das ist der Fall, wenn die Agenda auf einem Flipchart gut lesbar visualisiert ist. Oder wenn die Trainer und Dozenten in ihren Präsentationen eine Agenda-Funktion verwenden, wie sie etwa in PowerPoint zur Verfügung steht. Auch Übersichtsfolien helfen, sich wieder zurechtzufinden. Allerdings enthalten auch sie häufig nur Stichpunkte, sodass die Orientierung keinesfalls so umfassend ist, als wenn wir ein Printprodukt in den Händen halten.

In einer Veranstaltung, in der das gesprochene Wort das wichtigste Medium ist – und Seminare und Präsentationen gehören zweifelsfrei dazu, trägt der Sprechende, d.h. Sie als Trainer und Dozent, die Verantwortung dafür, dass die Zuhörerinnen und Zuhörer ihm folgen können. Damit das gelingt, brauchen Sie einen roten Faden, eine Struktur oder eine Guideline, mit deren Hilfe Sie Ihre Inhalte gliedern. Je einfacher und einprägsamer, umso besser.

Viele Strukturen machen sich die „Kraft der Zahl" zu Nutze, sind dadurch anschaulich und leicht zu merken:
- „Die vier Säulen der Präsentorik"
- „Die zehn Gebote in der Kundenkommunikation"
- „Die sieben Todsünden in Akquisitionsgesprächen"

In Kapitel 4 „Der Masterplan für eine wirkungsvolle Präsentation" werde ich Ihnen die zehn besten Methoden, mit denen Sie den roten Faden in der Hand behalten, detailliert und anhand von Beispielen näher erläutern. An dieser Stelle beschränken wir uns auf die wohl bekannteste, einfachste und vielleicht in vielen Situationen auch beste Guideline: „Die Dreier-Regel". Es gibt unzählige erfolgreiche Werbeslogans und althergebrachte Redensarten, in denen die „3" das zentrale Element ist: „Drei Dinge braucht der Mann", „Aller guten Dinge sind drei". Sicherlich fallen Ihnen selbst auf Anhieb noch mehr ein.

Doch damit Ihre Struktur die gewünschte Wirkung bei Ihren Zuhörern erzielt, muss sie eingeführt und angekündigt werden. Dabei können wir uns getrost das alte englische Motto – hier in deutscher Übersetzung – zu Nutze machen:

„Sage, was du vorhast, sage, was du gerade machst, sage, was du gemacht hast."

- Schritt 1: **Sage, was du vorhast:**
  „Liebe Seminarteilnehmer, sehr geehrte Damen und Herren, ich möchte Ihnen im Folgenden die drei Hauptgründe vorstellen, die für die nicht-fachliche Weiterbildung von Führungskräften sprechen."
- Schritt 2: **Sage, was du gerade machst:**
  „Der zweite der drei Hauptgründe ist: ..."
- Schritt 3: **Sage, was du gemacht hast:**
  „Sie haben jetzt die drei wichtigsten Gründe gehört, ..."

Dem einen oder anderen mag das ein wenig redundant erscheinen. Doch es ist absolut sinnvoll! Die volle Aufmerksamkeit unseres Publikums haben wir nur maximal 30 Sekunden. Es geht also darum, immer und immer wieder mit unseren Worten eine Struktur zu schaffen und zu bestätigen. So erhöhen Sie die Chance, sich auch dann in den Köpfen Ihrer Zuhörer zu platzieren und nachhaltig in Erinnerung zu bleiben, wenn diese mehrere Präsentationen nacheinander hören oder von Lehrveranstaltung zu Lehrveranstaltung eilen.

So überzeugend reden wie Martin Luther

Worauf sollten wir noch achten, damit es unseren Zuhörern leichtfällt, uns zu folgen?

Martin Luther, der Reformator und durch seine Übersetzungsarbeit quasi zum Erfinder der deutschen Sprache gewordene Rhetoriker, hat dazu den Leitsatz „Geh forsch rauf, machs Maul auf, hör bald auf!" formuliert. Mit dem forschen Auftritt meinte er nichts anderes als Präsenz und Vitalität. Aspekte, mit denen wir uns im Kapitel „Die erste Säule der Präsentorik" beschäftigt haben. „Machs Maul auf" bedeutet in diesem Zusammenhang, sich akustisch klar und deutlich zu artikulieren. Und die letzte lutherische Forderung nach einer kurzen Rede erklärt sich von selbst.

Wenn es eigentlich so einfach ist, warum sind dann trotzdem viele Vorträge und so viele Trainer und Dozenten so schwer zu verstehen? Dieser Frage gingen bereits in den 70er-Jahren des vergangenen Jahrhunderts Inghard Langer, Friedemann Schulz von Thun und Reinhard Tausch nach. Sie untersuchten Texte auf ihre Verständlichkeit und leiteten die dafür notwendigen Kriterien ab. Einige davon finden sich bereits bei Luther, weitere Merkmale wurden von den Wissenschaftlern ergänzt: die Kürze um Prägnanz und Einfachheit, die akustische Verständlichkeit um den Situationsbezug und um die zusätzliche Stimulanz. Wir können diese Kriterien sehr gut auf Vorträge und Präsentationen übertragen.

Mit ihrem Hamburger Verständlichkeitsmodell machten sie deutlich, dass es zumeist nicht an den eigentlichen Inhalten liegt, die etwas schwer verständlich machen. Vielmehr an der komplizierten Ausdrucksweise, der unstrukturierten Darstellung, den unprägnanten Sätzen oder den fehlenden Anregungen.

Einfachheit	Gliederung/Ordnung
(im Unterschied zur Kompliziertheit)	(im Unterschied zu ungegliedert und zusammenhanglos)
Kürze/Prägnanz	Anregende Zusätze / Stimulanz
(im Unterschied zur Weitschweifigkeit)	(im Unterschied zur farblosen und überzogenen Nüchternheit)

Hamburger Verständlichkeitsmodell nach Langer, Schulz v. Thun, Tausch

Kürze, Prägnanz und Einfachheit

Das ist für viele Trainer und Dozenten der schwierigste Teil – und zwar umso mehr, je stärker sie sich als Fachexperten in ihrem Thema engagieren. Alles ist wichtig, alles ist interessant und alles sollten die Zuhörer auch wissen. Richtig? Nein, falsch. In den weitaus meisten Präsentationen geht es nicht darum, noch etwas hinzuzufügen. **Es geht eher darum, was noch weggelassen werden kann.** Wie ein Bildhauer aus einem großen Steinblock eine Skulptur herausmeißelt, so schälen Sie aus einer Fülle von Informationen diejenigen heraus, die zum Verständnis notwendig und ausreichend sind.

Wenn Ihre Präsentation den Teilnehmern noch kurz vorkommt, dann hat sie – meistens – die richtige Länge.

Wenn Sie Ihr Zeitbudget überziehen, kündigen Sie es an, begründen Sie es und holen Sie sich dafür das Okay Ihrer Zuhörer. Bekommen Sie es nicht, finden Sie eine gemeinsame Lösung.

Schon so mancher Trainer hat sich um Kopf und Kragen geredet. Von Mark Twain ist dazu eine in meinen Augen schöne Geschichte von einer anderen Berufsgruppe überliefert:

„Es predigte statt des Pfarrers ein Missionar, der eine prachtvolle Stimme hatte. In ergreifender Schlichtheit erzählte er von den Leiden der Neger/Schwarzen. Ich war so gerührt, dass ich statt der 50 Cent, die ich zu opfern gedachte, die Spende verdoppeln wollte. Die Schilderungen des Missionars wurden immer eindringlicher, und ich nahm mir vor, meine Spende weiter zu steigern: auf zwei, drei, fünf Dollar. Schließlich war ich dem Weinen nahe, und ich tastete nach meinem Scheckbuch.

Der Missionar aber redete und redete und die Sache wurde mir allmählich langweilig. Ich ließ die Idee mit dem Scheckbuch fallen und ging auf fünf Dollar zurück. Der Missionar redete und ich dachte: Ein Dollar genügt. Der Missionar redete und als er endlich fertig war, legte ich die 50 Cent auf den Teller, die ich zu Beginn vorgesehen hatte.“

Für eine gute Verständlichkeit ist eine prägnante Sprache wichtig. Bringen Sie das, was Sie sagen wollen, auf den Punkt: knapp und gehaltvoll, genau und treffend. Benutzen Sie dabei geläufige Worte. Fachausdrücke sind eine gute Sache und beschreiben den Sachverhalt prägnant – aber nur in Fachkreisen. Für alle anderen ist es stattdessen unverständliches „Fachchinesisch". Falls Sie in Ihrer Präsentation darauf zurückgreifen, erklären Sie die Begriffe, die möglicherweise unbekannt sind.

Einfache Sachen kann man ausgesprochen kompliziert ausdrücken. Denken Sie nur an die ein oder andere Gebrauchsanweisung. Nach etlichen mühevollen Versuchen stellt man fest, dass es eigentlich ganz leicht geht, und fragt sich kopfschüttelnd: „Warum hat mir das denn keiner klipp und klar gesagt?" Damit es Ihren Zuhörern nicht so geht, sprechen Sie in kurzen Sätzen und vermeiden Sie verschachtelte Nebensätze. „Bei einem Lebewesen der Gattung Equus, das man durch eine Donation requiriert hat, sollte man keinen visuellen Kontakt mit seiner Nahrungsaufnahmeöffnung nehmen." Einem geschenkten Gaul schaut man nicht ins Maul! – klingt da doch viel einfacher

Albert Einstein sagte zum Thema Klarheit: „So einfach wie möglich. Aber nicht einfacher!"

Akustische Verständlichkeit, Situationsbezug und zusätzliche Stimulanz

Für viele Trainer und Dozenten hat das visuelle Medium, das den Vortrag oder die Präsentation unterstützt, eine geradezu magische Anziehungskraft. Ständig wandert ihr Blick zur Präsentationswand, wobei sie dem Publikum den Rücken zuwenden – was per se unhöflich wirkt. Darüber hinaus hat es einen weiteren negativen Effekt: Der Vortragende spricht in die falsche Richtung und kann rein akustisch nicht mehr so gut gehört werden, als wenn er seine Zuhörer ansehen würde.

Kennen Sie den Appell „Nimm die Decke aus dem Mund!" auch aus Ihrer Schulzeit? Mein Lehrer sagte das, wenn ein Mitschüler zu sehr nuschelte, undeutlich oder auch zu leise redete. Sprechen Sie also lieber deutlich, gerne etwas lauter als gewohnt, nicht zu schnell – und machen Sie Pausen: Ihre Zuhörer brauchen sie, um Ihre Worte nachzuvollziehen oder auch, um sich über Fragen klar zu werden.

Niemand zwingt uns, monoton zu sprechen

Eine deutliche Aussprache alleine reicht aber nicht aus, um Zuhörer zu fesseln. **Ein guter Redner ebenso wie ein guter Trainer und Dozent ist „Feuer und Flamme", wenn er von etwas begeistert ist.** Die Stimme, der Tonfall transportieren Emotionen. Wie farblos wirkt dagegen das Ganze, wenn nur monoton gesprochen wird. Sie müssen nicht gleich wie ein Schauspieler auftreten – aber ein wenig Modulation darf immer sein.

Offene Fragen („Was können wir tun, wenn ein Kollege unvermittelt zu weinen beginnt?") oder eine direkte Ansprache („Ist so etwas Ihnen persönlich schon einmal passiert?") sind ein weiteres Mittel, um Inhalte einprägsam zu vermitteln.

Dazu können Sie sich im Voraus über Ihr Publikum und Ihre Teilnehmergruppe informieren. Kennen Sie die Vorlieben, Probleme, das Vorwissen oder die Entscheidungskompetenzen? Statt neutral über etwas zu berichten, können Sie dann die konkrete Situation mit einbeziehen. Das wirkt stimulierend, gibt den Teilnehmern und Zuhörern das Gefühl, dass Sie sich ernsthaft für sie interessieren.

Ähnlich verhält es sich mit dem aktuellen Umfeld des Vortrags und Seminars: die wirtschaftliche Lage des Unternehmens, die innerbetriebliche Position der Abteilung, die relevante gesellschaftliche Situation, brisante Tagesthemen. Arbeiten Sie mit passenden Beispielen aus dem Umfeld der Teilnehmer. Sprechen Sie vor Auszubildenden über das Thema „Etikette", hängen Sie es an der Frage auf, ob Nabel-Piercings und Tattoos bei Präsentationen verdeckt bleiben sollten. Das gleiche Thema im Führungskreis z.B. einer Bank könnte sich eher um die Frage drehen, ob der Casual Friday eingeführt oder abgeschafft werden soll.

Benutzen Sie eine bildhafte Sprache und Vergleiche („Gute Reden sind selten wie Goldstaub"), orientieren Sie sich an den Bedürfnissen der Zuhörer. Wer schon drei Präsentationen gesehen und in zwei Lehrveranstaltungen gesessen hat, ist dankbar, wenn Sie ohne lange Vorrede gleich zur Sache kommen. Das alles trägt dazu bei, dass Ihr Vortrag anschaulich in Erinnerung bleibt und sich einprägt.

Viele weitere Möglichkeiten und auch, wie Sie bereits mit einem packenden Titel für Ihre Präsentation oder Ihren Vortrag Aufmerksamkeit erregen, lernen Sie in Kapitel 12 „Stilmittel: ‚Wording', packende Überschriften – Das Beste aus 2.500 Jahren Rhetorik".

Mit diesen Tipps zur Struktur, zu dem Festhalten der roten Fäden, dem Hamburger Verständlichkeitsmodell und der sprecherischen Performance steht die zweite Säule der Präsentorik.

Das Wichtigste in Kürze

- Ihre Kernaufgabe beim Reden und Präsentieren: Den roten Faden aufzeigen und halten.
- Die „Kraft der Zahl" schafft leichte und eindrucksvolle Gliederungen.
- Lernen Sie von Luther: Geh forsch rauf, machs Maul auf, hör bald auf. Fassen Sie sich kurz, kommen Sie auf den Punkt und formulieren Sie so einfach wie möglich.
- Mit offenen Fragen und Praxisbeispielen halten Sie Ihre Zuhörer bei der Stange.

2.3 Die dritte Säule: Beziehungsgestaltung in Seminaren und Präsentationen

Darum geht es:

Wenn die Beziehung nicht stimmt, hört Ihnen kein Teilnehmer wirklich zu. Im Gegenteil: Alle warten nur darauf, dass Sie einen Fehler machen und sind erst dann zufrieden, wenn sie das Haar in der Suppe gefunden haben. Ihr Honorar wird dann schnell zum Schmerzensgeld. Stimmt die Beziehung, ist alles leichter: Inhalte werden schneller aufgenommen, Fragen und Diskussionen werden kreativer und präziser, Lösungen werden schneller gefunden und angenommen – und falls eine Aussage von Ihnen einmal nicht so ganz widerspruchsfrei formuliert ist, stört das auch keinen.

Erfahren Sie hier, was Sie unternehmen können, um eine gute Beziehung zu Ihrem Publikum aufzubauen und zu halten.

Das ist Ihr Nutzen:

- Sie werden dafür sensibilisiert, dass Sie um ein ehrliches Interesse an Ihren Teilnehmern nicht herumkommen.
- Sie lernen, durch einen stimmigen Beziehungsaufbau Scheindiskussionen, „Wer-hat-Recht"-Nebenkriegsschauplätze und Störmanöver aus dem Teilnehmerkreis zu verhindern.
- Sie erfahren, mit welchen Fragen und Impulsen Sie ganz konkret eine Beziehung zunächst zu Ihrem Thema und dann zu Ihren Zuhörern eingehen und aufrechterhalten können.
- Sie bekommen Tipps, wie Sie sich in Ihre Zuhörer hineinversetzen und mögliche Bedenken bezüglich Thema und Redner schon im Vorfeld ausräumen können.

Stehen oder sitzen Sie vor anderen, dann sollten Sie auch wirklich etwas zu sagen haben. Die Tatsache, dass Sie als Trainer oder Berater engagiert wurden, genügt nur formalen Kriterien. Sie sollten in irgendeiner Art und Weise inhaltlich etwas mitteilen, was die anderen nicht kennen, nicht wissen. Sie brauchen einen Informationsvorteil oder einen Erfahrungsvorsprung– sonst macht es keinen Sinn, vorne zu stehen, vorzutragen oder zu präsentieren.

Und: **Sachinformationen lassen sich nicht vermitteln, ohne dass Sie Ihre Zuhörer in irgendeiner Weise behandeln:** gut oder schlecht, gleichberechtigt oder von oben herab, wertschätzend oder herablassend.

Die Fähigkeit, eine positive Beziehung zu ihrem Publikum aufzubauen, ist für Trainer und Dozenten die notwendige Ergänzung einer hinreichenden fachlichen Expertise.

Trotz oder auch gerade wegen Ihres Wissens- oder Erfahrungsvorsprungs kommen Sie also nicht darum herum, eine intakte Beziehung zu den vor Ihnen sitzenden Menschen zu etablieren. Denn: Sie sprechen zu erwachsenen Menschen. Und die mögen es in der Regel ebenso wenig wie nicht erwachsene Menschen, wenn sie von oben herab belehrt werden.

Menschen mit Nackenmuskelverkürzung und daraus resultierender hochnäsiger Gesichts- und Geisteshaltung müssen sich das Recht für ihre Arroganz schon sehr teuer verdient haben. Nobelpreisträger etwa könnten sich hier ein wenig mehr rausnehmen als Normalsterbliche.

Falls Sie noch keinen Nobelpreis entgegengenommen haben, empfehle ich Ihnen einen Umgang „auf Augenhöhe". Das ist besser, als sich zu erhöhen. Es sei denn, Ihre Teilnehmer und Gesprächspartner suchen jemanden, auf den sie ihre Helden-Fantasien übertragen können. Aber halten Sie das für eine attraktive Rolle?

Der Umgang „auf Augenhöhe" ist auch besser, als sich zu erniedrigen, was die dritte der möglichen Varianten im menschlichen Miteinander darstellt. Wer sich erniedrigt, dient sich seinen Zuhörern an, versucht, es ihnen recht zu machen, ihnen nach dem Mund zu reden. Meistens geschieht dies aus Angst, in der Gunst der Zuhörer zu sinken, bei mangelndem Ausfüllen der Diener-Rolle Aufträge zu verlieren oder generell, sich unbeliebt zu machen. Besser also: Nicht kleinmachen.

Um den Zugang zu den Menschen vor Ihnen zu finden und sie inhaltlich auch wirklich zu erreichen, genügt es nicht, sympathisch zu lächeln. Die Beziehung zu ihnen muss stimmig sein.

Wie auch in allen anderen Bereichen der menschlichen Interaktion ist das eine zweiseitige Sache. Sie als Trainer und Dozent können nicht alleine darüber bestimmen, wie die Beziehung zwischen Ihnen und Ihrem Publikum gestaltet ist. Denn die Deutungshoheit über unsere kommunikativen Signale haben immer die Empfänger; die Menschen, zu denen Sie sprechen. Aber: Wir können Angebote machen.

Grundlage für gute Beziehungen: Ehrliches Interesse

Grundlage dieser Angebote ist das echte Interesse an den Menschen, die da vor Ihnen sitzen oder stehen. Ist kein Interesse da, nützen Ihnen auch die besten rhetorischen Empfehlungen nicht wirklich – Ihr Desinteresse wird sichtbar werden.

Wer Menschen mag, ist als Redner und Präsentierender klar im Vorteil.
Manchmal hilft es, da bewusst auf die Suche zu gehen, nach Aspekten, die Sie auch an einem Ihnen absolut unsympathischen Teilnehmer schätzen (könnten). Und sei es nur die lässige Art, wie der- oder diejenige die Tür seines Cabrios auf dem Firmenparkplatz ins Schloss fallen lässt. Versuchen Sie großzügig im Tolerieren von „Ecken und Kanten" bei anderen Menschen zu sein. Denn vieles von dem, was wir selbst ablehnen, hat auch immer etwas mit uns und unseren eigenen Erfahrungen zu tun.

In Beziehung stehen heißt, etwas über den anderen zu wissen

Der Hauptunterschied zwischen Fremden und Freunden ist der, dass Freunde etwas von uns wissen. Sie wissen, wie es uns geht, wie wir ticken, was uns fasziniert und was wir nicht leiden können. Das bedeutet es letztlich, wenn wir davon sprechen, in Beziehung miteinander zu stehen.

Wenn wir also eine Beziehung zu unseren Teilnehmern und Teilnehmerinnen aufbauen möchten, sind wir gut beraten, etwas von uns zu zeigen. Zum Beispiel wie wir zu dem Thema stehen, über das wir sprechen. Das Thema ist das verbindende Element zwischen den Zuhörern auf der einen und den Trainern/Dozenten auf der anderen Seite:

- Was hat das Thema mit Ihnen zu tun?
- Was ist Ihr Bezug zu diesem Thema?
- Haben Sie eigene Beispiele?
- Was fasziniert Sie daran?
- Was haben Sie dazu zu sagen?
- Was ist Ihre Meinung?

Überlegen Sie in einem nächsten Schritt, welche Aspekte dieser Selbstbefragung Sie dann in Ihrer Präsentation bzw. in Ihrer Veranstaltung kommunizieren möchten. Weil die Teilnehmer in der Regel wissen wollen, wie der oder die da vorne zu den Themen steht, sprechen höchstens strategische oder politische Gründe dafür, hier kleinlich zu sein.

Nehmen wir einmal an, Sie leiten ein Seminar zum Thema Entscheidungskompetenz. Sprechen Sie darüber, welche Rolle Entscheidungen in Ihrem Leben spielen: Welche Entscheidungen sind Ihnen schwergefallen, welche scheinbaren Fehlentscheidungen haben sich im Nachhinein als Glücksgriff erwiesen, wie ist es Ihnen gelungen, aus einem Entscheidungsdilemma zu entkommen und neue Verhaltensoptionen und Wahlmöglichkeiten zu entwickeln?

Das Interesse an Ihnen persönlich ist umso größer, je unbekannter Sie den Zuhörern sind. Besonders deutlich wird dies, wenn wir uns einmal vorstellen, dass Sie ein Seminar mit anschließender Leistungsüberprüfung halten. Dann gehen Ihren Teilnehmern sicherlich folgende Fragen durch den Kopf:

- Wird der Dozent/Trainer gerecht bewerten?
- Was ist, wenn ich mal eine „doofe" Frage stelle?
- Schafft er oder sie es, die Inhalte so zu transportieren, dass ich sie verstehen kann?
- Welche Werte und Grundeinstellungen hat er, wie wird er die Seminare leiten?
- Wer ist der Mensch hinter der Rolle – und wie sympathisch ist er mir?
- Was bedeutet dieser Dozent speziell für mich und meine Karriere?

Bauen Sie von Anfang an eine positive Beziehungsgestaltung auf, indem Sie die Fragen beantworten, die zwar nicht laut geäußert, aber gedacht werden, entweder explizit oder durch Ihr Verhalten.

Überraschen Sie Ihre neuen Teilnehmer und Zuhörer positiv damit, dass Sie sich in sie hineinversetzt haben. Echtes Interesse ist der beste Treibstoff für gute Beziehungen.

Gleichzeitig gilt die Regel:

Sie sprechen nicht (nur) über ein Thema – sondern zu Menschen!

Gehen Sie deshalb einen Schritt weiter und überlegen Sie, was Sie über Ihr Publikum, über Ihre Teilnehmer erfahren können bzw. was für Sie selbst in der Zuhörerrolle interessant wäre.

Gelingt es Ihnen, sich in die Rolle der Zuhörer hineinzufinden, dann werden Sie mit großer Wahrscheinlichkeit feststellen: **Die Zuhörer wollen wissen, was das Thema mit ihnen zu tun hat,** was es konkret für sie in ihrem Job oder in der Ausbildung bedeutet, wie sie davon profitieren können und wo ganz direkt ihr Nutzen liegt. Liefern Sie Ihrem Publikum also Antworten auf diese Fragen und Sie werden erleben, wie leicht das weitere Vortragen fällt.

Ein Beispiel dazu: „In Ihrer neuen Rolle als Führungskraft treffen Sie Entscheidungen nicht nur für sich. Von Ihren Entscheidungen werden verstärkt auch Ihre Mitarbeiter und Ihre Kunden betroffen sein. Da macht es viel Sinn, auf Entscheidungsverfahren zurückzugreifen, die Ihre Entscheidung verargumentierbar machen. Und zwar so, dass andere nachvollziehen können, wieso Sie sich dafür und nicht für die Alternative entschieden haben. Solche Verfahren stelle ich Ihnen jetzt vor. Angenehmer Nebeneffekt: Sie können diese Verfahren nicht nur im beruflichen, sondern auch im privaten Kontext nutzen.“

Um hier wirkungsvolle Bezüge zwischen Ihren Teilnehmern und Ihrem Thema setzen zu können, brauchen Sie Informationen über Ihr Publikum. Folgende Fragen helfen Ihnen dabei, alles Notwendige zu erfahren:

- Wer wird kommen?
- Wie sieht eine typische berufliche Biografie dieser Menschen aus?
- Von welchen Vorerfahrungen und Kenntnissen zum Thema können Sie ausgehen?
- Mit welcher Motivation und mit welchen Motiven können Sie bei den Teilnehmern rechnen?
- Wie wird die hierarchische Zusammensetzung sein, wo zeichnen sich potenzielle Konflikte ab?

Merke: Selbstverständlich ist nichts selbstverständlich! Was in einem Seminar oder bei einem Kunden üblich war, kann in der aktuellen Situation ganz anders gehandhabt werden.

In Kapitel 3 „Auftragsklärung, Kontextanalyse und Vorbereitung" finden Sie weitere Fragen zu diesem Thema.

Beziehungsgestaltung in Aktion

Bei aller Vorbereitung ist es irgendwann so weit: Der Zeitpunkt des Performings ist gekommen: Montagmorgen, 9:00 Uhr, Ihr Seminar beginnt, Sie sind dran. Wie können Sie jetzt Ihre Beziehungsangebote, all die Ideen und Gedanken, die Sie sich bisher gemacht haben, kommunizieren und rüberbringen?

Lassen Sie uns dabei eine Unterscheidung vornehmen in:
- Die Beziehung aufbauen.
- Die Beziehung halten.

Die Beziehung aufbauen

Die Beziehungsgestaltung beginnt unausweichlich mit dem ersten Eindruck, den Sie auslösen. Dieser Eindruck hat viel damit zu tun, ob Sie eher offen oder eher reserviert wirken. Er hängt damit zusammen, ob Sie Blickkontakt zu Ihren Teilnehmern aufnehmen, ein Lächeln zu Wege bringen, eine entspannte Freundlichkeit zeigen oder eine dem Ernst der Situation angemessene Mimik mitbringen (und auch eine offene Körpersprache).

Entscheidend für den ersten Eindruck sind außerdem Ihre ersten Sätze. Erhaschen Sie damit Aufmerksamkeit, überraschen Sie gekonnt, vermeiden Sie die immer wiederkehrenden langweiligen Begrüßungsfloskeln? Wenn ja, wird das positiv auf Ihrem Beziehungskonto zu Buche schlagen. Erahnen Sie dann noch die Fragen, die Ihrem Publikum durch den Kopf gehen, wächst Ihr Guthaben. Und wenn Sie gleich zu Anfang Ihr Ziel benennen und sagen, warum es Ihnen wichtig ist, dann haben Sie bereits sehr viel für einen guten Start der Beziehungsebene getan. In Kapitel 4 „Der Masterplan für eine wirkungsvolle Präsentation" kommen wir darauf noch im Detail zurück.

Sie können also einiges dazu beitragen, dass sich die Wahrscheinlichkeit eines positiven ersten Eindrucks erhöht. Und gleichzeitig entzieht sich der erste Eindruck zu einem Teil Ihrem Einfluss. Denn ob Sie in das Erwartungsbild der Leute passen, welche Assoziationen und Erinnerungen Sie durch Ihre Erscheinung und Ihr Verhalten auslösen – das hat in erster Linie mit der aktuellen Wirklichkeitskonstruktion Ihrer Zuhörer und deren Erfahrungen, Erwartungen und Zielen zu tun.

Doch das sollte Sie nicht davon abhalten, alles dafür zu tun, dass der erste Eindruck Sie so gut wie möglich unterstützt. Denn er ist entscheidend dafür, in welcher Grundstimmung Ihr Vortrag beginnt. Und dafür haben Sie keine zweite Chance! Damit Sie diese Gelegenheit nicht verpassen, steigen wir in Kapitel 7 „Der erste Eindruck" tiefer in diese Thematik ein.

Im Anschluss geht es darum, dass Sie Antworten zu den Fragen geben, die Sie sich zuvor gestellt haben: Was fasziniert Sie an diesem Thema? (Oder auch: was langweilt Sie daran?) Welchen Nutzen haben Ihre Zuhörer davon? Welche Werte und Grundeinstellungen sind Ihnen wichtig?

Wie das sehr konkret und anhand von Beispielen aussehen kann, lesen Sie in Kapitel 4 „Der Masterplan für eine gelingende Präsentation" unter dem Punkt 4.1.4 „Motivation".

Kernkompetenz: Einwand-Vorwegnahme

Immer wieder wird es vorkommen, dass Sie auf Gegenstimmen und Widerstände treffen, die einer direkten Beziehungsgestaltung erst einmal im Wege stehen.

Hier heißt das Zauberwort „Einwand-Vorwegnahme". Denken Sie sich bereits im Vorfeld in solche möglichen Einwände hinein und formulieren Sie Ihre Antworten darauf. Während Ihrer Präsentation können Sie derartige Zweifel vorwegnehmen und direkt ansprechen:

„Sie könnten jetzt meinen, dass mit dem Management-Ansatz, den ich Ihnen im Folgenden vorstelle, die häufig zitierte ‚neue Sau' durchs Dorf bzw. durch die Management-Lehre gejagt wird. Und so ganz unverständlich wäre mir diese Befürchtung nicht. Aber ich möchte Ihnen gerne erläutern, worin die neue Qualität dieses Ansatzes liegt und warum er mehr als eine Modeerscheinung ist …"

So glänzen Sie damit, dass Sie sich in die Teilnehmer hineingedacht haben, diese ernst nehmen und auch Lösungen anbieten.

Die Beziehung halten

Die Blicke schweifen aus dem Fenster, es wird zunehmend getuschelt und geräuspert, auf dem einen oder anderen Handy werden Kurzmitteilungen gecheckt – alles sichere Indizien dafür, dass Ihre Teilnehmer Ihnen nicht mehr so aufmerksam zuhören, wie Sie es sich vermutlich wünschen. Das kommt gar nicht so selten vor, häufig im Mittelteil einer längeren Präsentation oder auch am Nachmittag eines längeren Seminars. Die Konzentration der Zuhörer lässt nach. Wenn Sie nicht permanent in Ihr Manuskript schauen oder an das Flipchart, wird es Ihnen sofort auffallen. Jetzt ist es an Ihnen, erneut die Beziehungsebene zu aktivieren.

Beim Start haben Sie gute Erfahrungen mit echtem Interesse an Ihren Zuhörern gemacht. Das könnten Sie wieder aufgreifen, mit einer **Stichproben-Befragung** etwa. Bitten Sie zwei, drei oder vier Ihrer Zuhörer, sich konkret zu äußern:

„Wie viele Erfahrungen haben Sie in diesem Bereich? Was ist Ihr Interesse am Thema?"

Möglich sind auch so genannte **demoskopische Fragen:** „Wer von Ihnen hat eine Fusion schon einmal selbst miterlebt? Bitte einmal die Hand heben." So muntern Sie gleichzeitig mit ein wenig Bewegung Ihre müden Zuhörer auf.

Beziehungen profitieren im Allgemeinen davon, wenn jeder daran glaubt, dass er einen Nutzen aus ihnen zieht. Setzen Sie diese Erkenntnis in Phasen schwindender Aufmerksamkeit ein. Beispiele aus der Erlebniswelt der Zuhörer verstärken das Gefühl, dass es um sie persönlich geht.

„Wir haben uns gerade das Modell unterschiedlicher Führungsstile von Vorgesetzten angesehen. Bitte denken Sie doch einmal an die Führungskräfte, die Ihnen bisher in Ihrem Berufsalltag begegnet sind. Welche Stile finden Sie da wieder?"

Beziehungen funktionieren nicht, wenn immer nur einer „große Reden" schwingt. Lassen Sie Ihre Teilnehmer aktiv werden, binden Sie sie mit ein – spätestens dann, wenn sie nicht mehr ganz bei der Sache sind. Anregungen dazu finden Sie in den didaktischen Überlegungen und im letzten Kapitel von: „Der Masterplan für eine wirkungsvolle Präsentation" (Kap. 4.3.4). Ferner eignen sich offene Fragen sehr gut. Ein ganzes Set dazu finden Sie im Kapitel 12 „Stilmittel".

Darüber hinaus haben sich besonders die folgenden zwei Methoden bewährt:

- **Zuhörer aktivieren:** Mit der „Murmel-Gruppe": Die wenigsten Menschen hören gerne ununterbrochen zu. Diesem Bedürfnis kommen Sie mit der Murmel-Gruppe entgegen. Dabei stellen Sie Ihren Zuhörern eine Frage oder Aufgabe, die sich auf den zuvor gehörten Inhalt bezieht. Die Teilnehmer, die nebeneinandersitzen, sollen darüber ins Gespräch kommen – in einem begrenzten Zeitrahmen von zwei bis fünf Minuten. Anschließend werden die Ergebnisse im Plenum besprochen. So können sich viele der Beteiligten einbringen und Sie als vortragender Trainer und Dozent zeigen mit neuen Inputs oder Kommentaren deutlich Ihr Interesse. Das verstärkt die Beziehungsebene enorm.

- **Tempo-Thesen:** Stellen Sie sich vor, Sie sollen Ihr persönliches Fachgebiet im Rahmen einer internen Fortbildung jungen Kollegen aus Ihrem Unternehmen vorstellen. Eine Aufgabe, die Ihnen großen Spaß macht und die Sie bestens vorbereitet haben. Es ist einfach Pech, dass Sie direkt nach der Mittagspause dran sind. Ihre ansprechende Eröffnung reißt alle noch mit – aber dann fordert der volle Magen seinen Tribut. Die Stimmung wird schläfrig. Das Einzige, was Ihnen jetzt noch hilft, ist ein kräftiger Adrenalinstoß bei Ihren Zuhörern. Sie setzen auf die Tempo-Thesen-Runde. Dafür schreiben Sie einige Thesen – möglichst provokant, gewagt und passend zu Ihrem Thema – auf Karteikarten und verteilen sie.

  Bleiben wir beim oben angesprochenen Seminarthema „Führungsstile". Sie könnten dazu folgende Statements verteilen:
  - ▸ These 1: Das Misstrauen in deutschen Unternehmen ist groß! Fast die Hälfte aller Arbeitnehmer vertraut dem eigenen Vorgesetzten nicht.

- These 2: Naturtalente sind selten! Eine Beförderung macht niemanden zu einem guten Chef!
- These 3: Junge Abteilungsleiter verstecken sich viel zu oft hinter dem Tagesgeschäft! Ihnen fehlt es an Erfahrung, Routineaufgaben zu delegieren und ihre Mitarbeiter wirklich zu führen.

Die Teilnehmer haben ein paar Minuten Zeit zur Vorbereitung, um dann mit dem jeweiligen Statement in den Ring zu steigen. Allerdings haben sie nur 90 Sekunden Zeit. Es geht schließlich, wie es der Name schon sagt, um Tempo. Was glauben Sie, wie schnell in die dahindämmernde Runde neuer Schwung kommt! Der positive Nebeneffekt dabei: Die Teilnehmer bringen sich ein und Sie erfahren mehr über deren Positionen, Hintergründe, Probleme. Während des weiteren Vortrags können Sie diese Informationen in Beispiele einbeziehen und damit ein weiteres Plus auf der Beziehungsebene verbuchen.

Bleiben Sie flexibel!

Ein Teilnehmer stellt eine Frage, die nicht direkt etwas mit Ihrem Thema zu tun hat. Ihre Präsentation hat das Publikum zur Diskussion angeregt, die aber nur am Rande zur Veranstaltung passt. Gehen Sie dennoch darauf ein. Diese spontan sich entwickelnden (Gruppen-)Gespräche sind das Salz in der Suppe von Seminaren und auch von Präsentationen – wenn Sie rechtzeitig wieder zu Ihren Themen und Zielen zurückkommen. Zeigen Sie sich flexibel und interessiert und verzichten Sie dazu gerne auf „Schema F".

Das Wichtigste in Kürze

- Ohne ein ehrliches Interesse an Ihren Zuhörern und eine Beziehung zu Ihrem Thema ist es nicht möglich, einen stimmigen Kontakt aufzubauen.
- Begegnen Sie Ihren Teilnehmern auf Augenhöhe und seien Sie sich bewusst: Wenn die Beziehungsebene nicht stimmt, hört keiner richtig zu und alle warten darauf, dass Sie einen Fehler machen.
- Sie sprechen nicht (nur) über ein Thema, sondern zu Menschen! Mit dieser Regel im Hinterkopf versetzen Sie sich vorab in Ihre Zuhörer hinein und überlegen, was diese konkret mit dem Thema zu tun haben, wovon sie am meisten profitieren, welche Einwände sie äußern könnten.
- Nutzen Sie offene Fragen, Murmel-Gruppen und Tempo-Thesen, um mit Ihren Teilnehmern und Gesprächspartnern in den Austausch zu treten und damit „in Beziehung" zu kommen.

2.4 Die vierte Säule: Klare Zielorientierung

Darum geht es:

Ob Sie ein mehrtägiges Seminar leiten oder einen zehnminütigen Impulsvortrag halten, ohne eine stimmige Zielklarheit laufen Sie Gefahr, sich zu verzetteln. Oder – noch schlimmer – Ihre Zuhörer verstehen den Gesamtzusammenhang nicht, sehen Sie vom Hundertsten aufs Tausendste springen, wissen aber nicht, was Ihre Ausführungen jetzt mit ihrem Anliegen zu tun haben.

Es ist Ihre Aufgabe, Transparenz darüber zu schaffen, was Sie mit Ihrer Präsentation, Ihrem Vortrag, Ihrem Seminar erreichen wollen (klären Sie das mit Ihrem Auftraggeber, Ihren Teilnehmern und sich selbst). Nur so versetzen Sie sich selbst in die Lage, Ihren Auftritt gezielt und effizient vorzubereiten und dann auch erfolgreich durchzuführen.

Das ist Ihr Nutzen:

- Sie erkennen die Funktion der Zielklarheit: Wie ein Kompass navigiert sie Sie durch die Vorbereitung, die Durchführung und auch durch das Fragenmanagement Ihrer Veranstaltung.
- Sie erarbeiten für Ihre Präsentationen und Vorträge ein Ziel und eine Message.
- Sie können beides – auch unter widrigen Bedingungen – überzeugend rüberbringen.

Bitte machen Sie sich vor Arbeitsbeginn klar: **Was ist Ihre Aufgabe? Welche Ziele möchte Ihr Auftraggeber erreichen, welche Ihre Zuhörer, welche Sie selbst?** Ich gehe davon aus, dass Sie vor Seminarbeginn und vor einem Vortrag oder einer Präsentation eine genaue Auftrags- und Kontextklärung mit Ihrem Auftraggeber durchgeführt haben. Leitfragen dazu lernen Sie in Kapitel 3 „Auftragsklärung, Kontextanalyse und Vorbereitung" kennen.

Im Anschluss daran haben Sie so etwas wie eine Grobzielplanung vor Augen. Solche Grobziele könnten sein:
- Die Teilnehmer sollen auf ihre neue Rolle als Führungskraft vorbereitet werden.
- Die Teilnehmer sollen lernen, auch schwierige Gespräche so zu führen, dass die Beziehung zwischen beiden intakt bleibt.

Sie tun gut daran, diese Ziele zu Beginn der Veranstaltung transparent zu machen und sich von allen Teilnehmern eine Zustimmung abzuholen. Das Ziel in Verbindung mit einer zeitlichen Vorgabe versetzt Sie in die Lage, die Veranstaltung, auftretende Diskussionen u.a. zu steuern und zu leiten. Tauchen z.B. Themen auf, die nichts mit diesen Zielen zu tun haben oder sie nur am Rande behandeln, können Sie mit Verweis auf Ziele und Zeit jederzeit intervenieren.

Jede einzelne Präsentation, jeder einzelne Vortrag sollte jetzt einen Beitrag zu dieser Zielerreichung liefern und als Mosaikstein im Gesamtbild erkennbar sein.

- Ein Impulsvortrag zum Thema: „Die Rollen einer Führungskraft" könnte so z.B. das Ziel verfolgen, aufzuzeigen, wie schnell Sie im Burn-out landen, wenn Sie versuchen, es allen recht zu machen. Und wie wichtig es ist, sich aktiv mit den Erwartungen an diese Rolle auseinanderzusetzen.
- Ein Überblicksvortrag mit dem Titel „Die Erfolgsfaktoren in der Führungskommunikation" versetzt die Teilnehmer in die Lage, Hebel bei der Frage zu finden, wie wir schwierige Gespräche in ein gutes Fahrwasser lenken können.

Ein Ziel entfaltet nach meiner Erfahrung seine stärkste Kraft, wenn es handlungsorientiert ist, wenn es also mit einer Einstellungsveränderung oder einer konkreten Aufforderung verbunden ist, etwas zu tun oder zu lassen.

Bitte machen Sie sich klar,
- was wollen Sie mit Ihrem Vortrag erreichen?
- was soll anders sein, nachdem man Ihnen zugehört hat?
- wofür wollen Sie Ihre Zuhörer gewinnen?

Ziele haben die Funktion eines Kompasses. Ist das Ziel festgelegt, müssen wir sehen, wie wir am besten dorthin gelangen. Schnurstracks auf den anvisierten Punkt zu oder besser über ein paar Nebenstrecken, weil der direkte Weg zu schwierig wird.

Am besten planen Sie abschnittsweise, wie bei einer langen Autofahrt oder Wanderung. Die Wegeinheiten bei der Präsentation sind die einzelnen Kapitel. Für diese bestimmen Sie Unterziele, die es Ihnen erlauben, inhaltliche Exkursionen vorzunehmen. Die können Zeit kosten und trotzdem zielführend sein, weil sie den Zuhörern etwas erst richtig anschaulich machen oder den Horizont erweitern. Wichtig ist nur, sich regelmäßig zu vergewissern, dass die Hauptrichtung stimmt. Dafür greifen Sie wieder auf die Eingangsfrage zurück: Warum präsentiere ich das? Was ist mein Ziel? Solange Sie darauf eine schlüssige Antwort geben, sind Sie auf dem richtigen Weg.

In der Phase der Vorbereitung werden Sie in der Regel eine große Fülle an Informationen zusammentragen. Vieles davon erscheint interessant, wichtig, präsentierenswert und verführt dazu, noch hierhin und dorthin abzuschweifen. Doch zu viel Input überfordert: Sie verlieren den Überblick und Ihre Zuhörer werden dem Vortrag irgendwann nicht mehr folgen können.

Ist die inhaltliche Recherche abgeschlossen, kommt deswegen alles auf den Prüfstand. Gehen Sie Abschnitt für Abschnitt durch und fragen Sie:
- Passt das für die Zielgruppe?
- Bleibe ich damit im Zeitrahmen?
- Erreiche ich damit das Ziel des Vortrags?

Alles, was diese Prüfung besteht, bildet die inhaltliche Grundlage. Wie Sie daraus eine gelungene Präsentation oder Rede machen, erfahren Sie in den nächsten Kapiteln.

Bei Ihren Vorbereitungen gehen Sie zunächst davon aus, dass während Ihres Vortrags ideale Bedingungen herrschen. Sie bekommen tatsächlich den geplanten Zeitrahmen. Es gibt keine unliebsamen Unterbrechungen oder Störungen, Zwischenfragen halten sich in Grenzen. Doch seien wir realistisch. Oft läuft es anders, als geplant!

So kam einmal ein Kunde zu mir, der von einem Erlebnis so konsterniert war, dass er nie mehr einen Vortrag halten wollte. Im Rahmen einer Preisverleihung war er gebeten worden, etwa 30 Minuten zu sprechen. Alle Redner vor ihm überzogen ihr Zeitlimit hemmungslos, sodass schließlich die Veranstaltungsleitung auf ihn zukam und trocken meinte: „Bitte kürzen Sie Ihren Beitrag. Sie haben fünf Minuten, länger kann ich die Leute nicht vom Buffet fernhalten." Der so verkürzte Auftritt endete in einem Desaster.

Eine unangenehme Situation, für die die Vorredner und die Veranstalter mitverantwortlich waren. Doch der gravierende Fehler lag in der eigenen Vorbereitung des Redners. Er hatte das Ziel der Rede nicht deutlich genug herausgearbeitet. Mit dem Ziel eng verbunden ist die Hauptbotschaft, die transportiert werden soll: die Message. Auch diese war nicht pointiert genug ausgeführt.

Der Unterschied zwischen dem Ziel und der Message

Was ist der Unterschied zwischen dem Ziel und der Message? Die Message kommt ohne einen Handlungsappell aus.

Stellen wir uns vor, Sie haben sich als Trainer auf das Thema „Messe" spezialisiert.

Beispielsweise könnte Ihre Message sein: Die Architektur des Messestandes ist nicht beliebig, sondern korrespondiert mit dem Corporate Design. Wer Ihr Logo kennt, schon einmal Ihren Standort oder die Webseite besucht hat, sollte Ihren Messestand erkennen. So weit Ihre Message.

Das dazu passende Ziel könnte dann lauten, das Budget für die Standentwicklung erheblich zu vergrößern und wahlweise eine sehr renommierte oder eine sehr kreative Agentur mit den ersten Entwürfen zu beauftragen.

Sind Ziel und Message eindeutig ausgearbeitet, sind sie Kompass und Wegweiser in einem und lassen Sie mit unvorhersehbaren Ablaufänderungen souverän umgehen.

Wird Ihnen dann die ursprünglich vereinbarte Zeit so drastisch zusammengestrichen wie meinem Kunden, dann verzichten Sie eben auf die schönen Schlenker und Aussichtspunkte, die Sie auf Ihrer Präsentationsroute eingeplant hatten. Dennoch gelingt es Ihnen, kurz und knapp zu erläutern, worum es geht. Und Ihr Publikum versteht die Botschaft und das Ziel.

Damit erreichen Sie am Ende auch das für Trainer und Dozenten vielleicht wichtigste Ziel: die Ihnen vom Auftraggeber und den Teilnehmern unterstellte Kompetenzvermutung zu erhärten.

Das Wichtigste in Kürze

- Die Frage „Warum präsentiere ich das Thema?" ist der Ausgangspunkt jeder Präsentation.

- Erst wenn Sie das „Warum?" in Übereinstimmung mit Ihrem Auftraggeber geklärt haben und für sich selbst schlüssig beantworten können, wissen Sie, was das Ziel Ihres Beitrages ist.

- Dieses Ziel ist Ihr Kompass, der Ihnen hilft, im Vorfeld die fachlichen Inhalte festzulegen und während der Präsentation Diskussionen zu steuern.

- Zu jedem Ziel gehört eine Message, die Sie ebenfalls klar und deutlich formulieren und als Wegweiser verwenden.

3 Auftragsklärung, Kontextanalyse und Vorbereitung

Darum geht es:

Mit einer sauberen Auftrags- und Kontextklärung stellen Sie Ihre Präsentation auf eine sichere, stabile Grundlage. Was genau ist Ihr Auftrag, worauf kommt es Ihrem Auftraggeber an, in welcher Situation stehen Ihre Teilnehmer und Zuhörer, welche Erwartungen haben sie an Ihren Auftritt?

Das sind nur einige der Fragen, die es zu klären gilt. Wenn wir die Antworten kennen, können wir anschließend in die konkrete Vorbereitung einer konkreten Präsentation einsteigen.

Das ist Ihr Nutzen:

- Sie wissen, dass eine saubere Klärung des Auftrags und des Kontexts zentrale Erfolgsfaktoren einer Präsentation sind.
- Sie haben ein Fragen-Set zur Hand, mit dem Sie die Bedürfnisse und Motive Ihres Auftraggebers, des Unternehmens und Ihrer Zuhörer effizient erfassen.
- Sie sind sensibilisiert dafür, welche Themen und Inhalte für diese Zuhörer zu diesem Zeitpunkt in dieser Situation passen und welche nicht.
- Sie kennen ein Modell, das Sie davor bewahrt, mit Ihren Zielen, Inhalten und Ihrer Performance über das Ziel hinauszuschießen und dadurch Ihre Zuhörer zu verlieren.

3.1 Auftragsklärung

Als Trainer und Dozent ist eine einzelne Präsentation in der Regel eingebunden in eine Lehrveranstaltung oder ein Seminar.

Handelt es sich um eine Lehrveranstaltung, sind die Ziele in aller Regel in den Lehr-, Semester- oder Aus- sowie Fortbildungsplänen festgeschrieben.

Handelt es sich um ein Seminar, werden die Ziele im Rahmen einer Auftragsklärung im Gespräch zwischen dem Trainer/Dozenten und dem Auftraggeber vereinbart/festgelegt. Als Auftraggeber fungieren in der Praxis Personalentwickler, Geschäftsführer und andere Führungskräfte.

Die drei Kernfragen in der Auftragsklärung lauten:
- Wie lautet die konkrete Auftragsformulierung?
- Was ist der Hintergrund des Auftrags?
- Was verspricht sich der Auftraggeber von der Erfüllung des Auftrages?

Hier ein Beispiel:

- **Auftragsformulierung:** Leiten Sie ein Seminar zum Thema Mitarbeitergespräche.
- **Hintergrund:** Die Teilnehmer sind neu in einer Leitungsfunktion und haben solche Gespräche aus der Führungsrolle heraus noch nie geführt.
- **Was verspricht sich der Auftraggeber:** Der Auftraggeber möchte seine Führungskräfte von Anfang an darin unterstützen, ihre neue Rolle kompetent auszufüllen.

Damit stehen schon einmal die groben Eckdaten. In der weiteren Klärung werden Sie auch die folgenden Fragen beantworten – entweder gemeinsam mit Ihrem Auftraggeber oder Sie für sich allein:

- Was soll nach der Veranstaltung, nach Ihrer Präsentation anders sein?
- Welche Inhalte wollen Sie transportieren?
- Welches Wissen soll vermittelt werden?
- Welche Kompetenzen sollen aus- und aufgebaut werden?
- Welche Einstellungen wollen Sie bei Ihren Zuhörern verändern oder erweitern? Welche konkreten Handlungen wollen Sie bewirken?
- Welche Nutzen, welche Vorteile ergeben sich für Ihre Zielgruppe aus der Präsentation?

Prüfen Sie, ob dieser Auftrag für Sie stimmig und annehmbar ist.

Wenn ja, oder wenn Sie ihn nicht ablehnen wollen oder können, schauen Sie, ob Sie Modifizierungen vornehmen wollen: Wie müsste der Auftrag formuliert sein, damit Sie guten Gewissens zusagen können?

So sollte ich einmal ein Seminar leiten zum Thema „Führen ohne Vorgesetztenfunktion". Ein spannendes Thema. Und von großer Bedeutung. Alle Projektleiter und Menschen, die team-, abteilungs- oder bereichsübergreifend andere Akteure zur Kooperation gewinnen müssen, wissen um die besonderen Herausforderungen dieser Aufgabe.

Das Problem war nur: Bei dieser Titelformulierung wird die Aufmerksamkeit von vornherein auf ein Manko gerichtet: Die fehlende Weisungsbefugnis. Und alle Erfahrung sagt: Aus dieser negativen Sichtweise kommen Sie nicht mehr raus. Nach einem längeren Diskussionsprozess haben wir den Titel dann verändert in „Laterales Führen – mit Kollegen erfolgreich sein". Die Resonanz hat sich deutlich verbessert.

In größeren Unternehmen werden die mit Ihnen vereinbarten Themen und Ziele anschließend für die potenziellen Teilnehmer ausgeschrieben, die sich daraufhin anmelden oder angemeldet werden. Die Krux dabei: Die zwischen Trainer/Dozenten und dem Auftraggeber vereinbarten Ziele müssen ebenso wenig wie die Ziele der Lehr- und Semesterpläne zwangsläufig auch die Ziele der Teilnehmer sein, die dann in einer Veranstaltung sitzen. Eine saubere Kontextklärung schützt Sie hier vor den größten Überraschungen.

Besprechen Sie dennoch nach Möglichkeit mit dem Auftraggeber:
- Wie viele Freiheiten haben Sie, von den Vorgaben abzuweichen, um ein für eine spezielle Gruppe noch attraktiveres Angebot zu machen?
- Wie können Sie Menschen mit divergierenden Zielen ins Boot holen?
- Wie gehen Sie vor, wenn jemand offensichtlich völlig falsch oder sehr unmotiviert ist und auch nicht wirklich teilnehmen will? Dürfen Sie den oder die „vor die Tür setzen"?

3.2   Kontextanalyse

Die Kontextanalyse gibt eine Antwort darauf, warum die gleiche Präsentation einmal anerkennende Blicke und verbales Schulterklopfen hervorruft, bei einem anderen Mal die Zuhörer und Teilnehmer mit betretener Miene und ernstem Blick wegschauen. Wie kommen die unterschiedlichen Reaktionen zu Stande? Tagesform? Schicksal?

Ja und Nein. Ein Vortrag und eine Präsentation materialisieren sich nicht im luftleeren Raum. Es gibt immer einen Teilnehmerkreis mit Erfahrungen und Erwartungen, mit Stimmungen und Befindlichkeiten, Ereignissen davor und Terminen danach, die Unternehmenskultur und das organisatorische Umfeld, und eine Menge weiterer Faktoren, die die aktuelle Situation beeinflussen. Und nicht zuletzt sind Sie selbst an dem einen Tag lockerer, ungezwungener und an dem anderen Tag angespannter und gereizter.

All das, was Sie, Ihre Teilnehmer und Zuhörer, Ihr Thema, Ihr Unternehmen, den Markt beeinflusst sowie den Raum und den Ort, an dem Sie sprechen, nennen wir den Kontext der Präsentation. Und weil dieser Kontext sich ständig verändert, gibt es keine Präsentation, die immer und überall gleich ankommt.

Eine Präsentation über die größten Mängel des neuesten Windows-Betriebssystems mag in einem Ausbildungsseminar für angehende Programmierer gut ankommen. In einer „User-Schulung", in der Menschen sitzen, die tagtäglich mit diesem System umgehen (müssen), jedoch keinen Einfluss auf die Anschaffung alternativer Systeme haben, wird die Windows-Abneigung des Referenten auf Unverständnis stoßen und über kurz oder lang zu einer Abstimmung „per pedes" führen. Hier wäre eine pragmatische Vorstellung der Neuigkeiten und Änderungen in einfacher und bildhafter Sprache in Kombination mit dem Präsentieren einiger Kniffe, die die tägliche Arbeit erleichtern, zielführend und Erfolg versprechend.

Ob eine Präsentation ein Erfolg wird, hängt also entscheidend davon ab, ob Sie die Erwartungen Ihrer Teilnehmer erfüllen oder gar übertreffen, Antworten auf deren Fragen und Probleme geben und die Sprache sprechen, die Ihre Zuhörer verstehen. Um diesen Anforderungen gerecht zu werden, sollten Sie die relevanten Zusammenhänge kennen, Sie brauchen Kontextkompetenz.

Folgende Fragen unterstützen Sie darin:
- Wodurch ist die aktuelle Situation im Unternehmen, der organisatorische Alltag Ihrer Teilnehmer gekennzeichnet?
- Wer sind Ihre Teilnehmer?
- Wo liegen für Ihre Zielgruppe die drängendsten Probleme und die größten Herausforderungen?
- Was waren in der letzten Zeit die größten Erfolge?
- Welches waren die wichtigsten Ereignisse in jüngerer Vergangenheit, was kommt in naher Zukunft auf sie zu?
- Wie lauten die wichtigsten Wünsche und Ziele Ihrer Zuhörer und Teilnehmer?
- Welche „Sprache" spricht Ihr Publikum? Merke: Fachsprache nur vor Fachpublikum. Ansonsten: einfache, bildhafte Sprache und Vergleiche nutzen.
- Von welchem Vorwissen können Sie bei Ihren Teilnehmern ausgehen?
- Welche Erwartungen haben Ihre Zuhörer/Teilnehmer an Sie als Trainer/Dozent?
- Wissen Sie etwas über Bedenken und Vorurteile, mit denen Sie zu rechnen haben?
- Wenn Sie zu all diesen Fragen keine Antworten haben, wer könnte sie Ihnen geben?

3.2.1 Zauberwort: Anschlussfähigkeit

Kommt eine Botschaft an, passt ein Thema, ein Beispiel oder auch ein bestimmtes Outfit in einen Kontext, sprechen wir davon, dass es stimmig oder anschlussfähig ist. Und diese Stimmigkeit oder Anschlussfähigkeit entscheidet über den Erfolg Ihrer Präsentation.

Einige Beispiele verdeutlichen das.

Ein Vortrag über Motivation, in dem Sie die Macht des eigenen Willens betonen, der Berge versetzen kann und der sich nicht von widrigen äußeren Umständen vom Weg abbringen lässt, mag vor frisch eingestellten Jungmanagern ein Erfolg werden. Halten Sie diesen Vortrag in einer von der Agentur für Arbeit organisierten Pflichtveranstaltung vor Teilnehmern, deren letzte 120 Bewerbungen erfolglos waren, bauen Sie vermutlich eine Wand zwischen sich und Ihren Zuhörern. Denn diese Zielgruppe wird die äußeren Umstände für ihre Situation zumindest hochgradig mitverantwortlich machen.

Wenige Jahre nach dem Fall der Mauer und der deutschen Wiedervereinigung wurde ich für eine Weiterbildungsveranstaltung zum Thema „Gruppenarbeit" in Leipzig gebucht. In der Theorie war ich sehr sattelfest, meine praktischen Erfahrungen dazu hielten sich hingegen in Grenzen. In der Vorstellungsrunde erfuhr ich, dass die Teilnehmer zum Teil jahrzehntelange Erfahrung im Leiten von Genossenschaften als auch in Teamarbeit in vielen Produktionsprozessen hatten. Das machte es für mich nicht einfacher. Schnell war ich in den Augen der Teilnehmer der Besserwessi, der Ossis etwas über Gruppenarbeit erzählen wollte, obwohl diese mehr Erfahrung als ich hatten. Ich verschanzte mich hinter meiner Expertise und es wurde eine sehr anstrengende Veranstaltung. Anschlussfähig waren meine Interventionen dann nicht mehr.

Stimmiger wäre es vermutlich gewesen, mich zunächst in die Rolle des Lernenden zu begeben, der überrascht ist von der großen Erfahrung der Teilnehmer und diese auch würdigen kann. Anschließend hätte ich Angebote machen können, die Erfahrungen auf der Basis meines theoretischen Wissens zu reflektieren und zu schauen, was die Teilnehmer von mir und ich von ihnen hätte lernen können. Diese Souveränität und Rollenflexibilität hatte ich damals nicht. Sie wäre der Schlüssel zur Anschlussfähigkeit gewesen.

3.2.2 Komfort-, Lern- und Angst/Abwehrzonen

Woher weiß ich, was stimmig und anschlussfähig ist – und was nicht? Dazu bedarf es zweierlei: Hinreichender Informationen über Ihre Teilnehmer, deren Hintergründe und das organisatorische Umfeld sowie eines Gespürs für die aktuelle Situation. An dieser Stelle lohnt sich ein kurzer Blick auf den wissenschaftlichen Hintergrund der Lerntheorie. Dort feiert das so genannte Komfortzonenmodell seit vielen Jahren große Erfolge. Es unterscheidet zwischen einer Komfort-, einer Lern- und einer Angst/Abwehrzone.

- Die **Komfortzone** umschreibt den Bereich, in dem wir uns gut auskennen, in dem wir uns selbstsicher und routiniert bewegen.
- Die **Lernzone** beschreibt einen Unsicherheitsbereich, in dem wir noch keine oder wenig Erfahrung haben. Hier bekommt man feuchte Hände und Herzklopfen – aber auch die Chance, Neues zu erlernen und die eigenen Handlungsspielräume zu erweitern. Gelingt es, sich zu bewähren, erweitert sich die Komfortzone.
- Angrenzend an die Lernzone befindet sich die **Angst/Abwehrzone.**
  Dort sind all die unbekannten Dinge, die Angst machen, die „eine Nummer zu groß für uns" sind. Deswegen reagieren die meisten Menschen hier mit Abwehr. Was hier passiert, ist nicht mehr anschlussfähig. Selbst wenn Sie mit allem, was Sie sagen, Recht haben – wenn Sie die Aufnahmefähigkeit oder -reife Ihrer Zuhörer überfordern, werden diese Sie und Ihre Botschaft ablehnen.

Ich möchte dieses Modell gerne auf den Erfolg und die Anschlussfähigkeit von Präsentationen übertragen und dabei zwischen inhaltlichen und performanten Zonen unterscheiden. Performant meint hier die Art und Weise Ihrer Präsentation, das „Wie" tun Sie es!

Inhaltliche Komfort-, Lern- und Angst/Abwehrzonen

- **In der inhaltlichen Komfortzone bestätigen Sie Ihre Zuhörer in deren Weltbild**. Das, was Sie sagen, passt in die „grobe Richtung" und auch zum „Branding", der Marke des Unternehmens.

  Ein Beispiel: Sie präsentieren im Rahmen eines Pitchs einer Steuerberatungsgesellschaft ein neues Konzept zur Kundenkommunikation. Dabei legen Sie großen Wert auf Seriosität und „harte Fakten". Das entspricht dem Berufsethos der Berater und Sie ernten Zustimmung.

- **Die inhaltliche Lernzone ist so etwas wie eine „Aha! Interessant-Zone!"** Hier zeigen Sie neue Sichtweisen auf, irritieren auch ein wenig, bringen festgefahrene Ansichten ins Wanken und machen Veränderungen und Entwicklungen möglich.

  Übertragen wir das auf unser Beispiel: Steuerliche Themen haben viel mit Recht und Gesetz zu tun. Damit notfalls vor Gericht auch alles hieb- und stichfest ist, verwenden die Berater eine sehr spezifische Ausdrucksweise, die von anderen häufig als „staubtrocken" und wenig ansprechend empfunden wird. Sie machen in Ihrer Präsentation deutlich, dass es bei der Kundenkommunikation nicht um prozessrelevante Formulierungen geht, sondern um das Wecken von Interesse. Da darf der ein oder andere Aspekt sogar ein wenig unterhaltsam sein. Für einige Steuerberater ist diese Betrachtungsweise eher ungewohnt – und ein Schritt in die Lernzone.

- **In der Angst/Abwehrzone sind Sie im „Oh je – lieber-nicht-Bereich"** und präsentieren bedrohliche Fakten, verwenden Informationen aus einem Bereich, der für Ihr Publikum zu weit von der eigenen Lebenswirklichkeit liegt – oder Sie stellen Ihre Zuhörer in einen Informations-Overflow. Die machen dann gute Miene zum bösen Spiel – und schalten innerlich auf Durchzug. Häufig wird hier ein großes Abgrenzungsbedürfnis provoziert und die Anschlussfähigkeit ist höchst gefährdet.

  In unserem Beispiel könnte Ihnen das passieren, wenn Sie jetzt eine Fülle von Fällen darstellen, in denen Unternehmen viel versprechend mit ihren Kunden ins Gespräch gekommen sind. So erfolgreich Ihre Beispiele auch sein mögen, wenn sie aus Bereichen wie Wellness, Mode oder Kosmetik sind, werden Sie bei den Steuerberatern mit hoher Wahrscheinlichkeit damit nicht punkten. Diese Branchen wären einfach zu weit von der beruflichen Lebenswirklichkeit entfernt.

Performante Komfort-, Lern- und Angst/Abwehrzonen

- **In der performanten Komfortzone präsentieren Sie so, wie man sich üblicherweise in diesen Kreisen bewegt** – und laufen Gefahr, ein wenig langweilig zu werden. Zum Beispiel indem Sie sich nach Schema F vorstellen, kurz etwas über die Pausenzeiten berichten, anschließend den Beamer einschalten und sich dann ins Halbdunkel der Präsentation zurückziehen.

- **In der Lernzone setzen Sie Akzente, rütteln auf, erregen Aufmerksamkeit** und schaffen es auch, Ihr Publikum positiv zu irritieren.

  Das könnten Sie beispielsweise erreichen, indem Sie gleich mit einem Aha-Erlebnis einsteigen, sich nach den Erwartungen Ihrer Zuhörer erkundigen und dann im Medienmix – garniert mit erlebnisaktivierenden Methoden – präsentieren, etwa wie es in diesem Buch in Kapitel 4: „Der Masterplan für eine gelingende Präsentation" vorgestellt wird.

- **In der performanten Angst- oder Bedrohungszone ist Ihr Stil mit dem der Teilnehmer, der Unternehmenskultur, dem „Branding" nicht mehr kompatibel,** hier sind Sie nicht anschlussfähig. Das könnte der Fall sein, wenn Sie beim Seminarthema „Motivation" ein Rollenspiel durchführen, ohne vorher die Beziehungsebene geknüpft zu haben. Oder Sie halten einen rein wissenschaftlich-theoretischen Vortrag vor ausgewiesenen Praktikern.

Um Ihrer Rolle gerecht zu werden, präsentieren Sie sowohl inhaltlich als auch in der Art und Weise Ihrer Darstellung so, dass Sie Ihre Teilnehmer in eine Lernzone bringen.

Und auch, wenn Sie Botschaften dabei haben, die bedrohlich sind und Angst machen, versuchen Sie zumindest, diese in einer Art und Weise rüberzubringen, die zu der Komfort- oder Lernzone des Publikums passt.

Damit hier kein Missverständnis entsteht: Es geht nicht um einen Kuschelkurs. Ganz im Gegenteil: Sie dürfen sagen, dass alles schlimmer wird, sehr viel Geld kosten und sehr lange dauern wird – wenn Sie dafür anschlussfähige Begründungen sowie Beispiele haben und es in einer anschlussfähigen Art und Weise tun. Strahlen Sie also etwas aus, was in die Komfort- oder Lernzone passt, werden Ihnen die Leute folgen, Ihre Botschaft zumindest an sich heranlassen und ernsthaft prüfen – sie aber nicht reflexartig ablehnen.

Gerade in der Rolle als Trainer und Dozent sind Sie in manchen Situationen auch gefordert, unangenehme Neuigkeiten und Botschaften zu übermitteln, Ihre Teilnehmer zu irritieren, um sie wachzurütteln und vielleicht sogar manchmal positiv zu verstören. Zum Beispiel, indem Sie auf eine hohe Diskrepanz zwischen dem Eigen- und dem Fremdbild hinweisen und Impulse geben, wie die beiden in eine stärkere Deckung und eine größere Übereinstimmung kommen könnten. Das hat auch seine guten Seiten. So können Sie Grenzen verschieben und Komfortzonen erweitern. Und was heute noch in der Angstzone liegt, kann übermorgen schon in die Lernzone eingegangen sein.

Wichtig dabei: Wenn Sie mit einem der beiden Bereiche, dem inhaltlichen oder dem performanten, in der Angstzone sind, bewegen Sie sich in dem anderen Bereich in der Lern- oder Komfortzone – sonst verlieren Sie die Anschlussfähigkeit und erreichen in diesem Kontext nichts.

Wenn eine Rede oder eine Präsentation etwas verändern und bewirken soll, muss sie in den betreffenden Kontext passen, anschlussfähig sein – und etwas auslösen: eine Handlung, ein Nachdenken, einen Impuls. Was Sie mit Ihrem Vortrag, Ihrer Präsentation erreichen wollen, welche Rolle sie in Ihrer Gesamtdramaturgie spielt, und was genau Sie währenddessen oder danach von Ihren Zuhörern erwarten, sagen Sie am besten sehr früh in Ihrer Präsentation und unbedingt noch einmal am Ende klar und deutlich.

Ob Sie einen Überblick geben wollen, den Stand der Forschung darlegen, für Unterstützung werben, Freigaben von Ressourcen erreichen wollen, wachrütteln, um auf ungünstige Umweltbedingungen zu reagieren, über Beschlüsse informieren, damit Ihre Leute anstehende Entscheidungen treffen, was auch immer: Machen Sie es explizit!

Eine Präsentation, die lediglich im Raum steht und an die sich keine Aufgabe, keine aktive Auseinandersetzung der Teilnehmer anschließt, nach der die Leute zurück an ihren Schreibtisch gehen und weiterarbeiten oder die sie mit freundlicher Miene über sich ergehen ließen, war in 95 Prozent der Fälle der Mühe nicht wert.

3.3   Vorbereiten einer Präsentation

Eine gleichermaßen alte wie bewährte anglo-amerikanische Volksweisheit besagt:
„If you fail to prepare, you prepare to fail." – Wenn du es versäumst, dich vorzubereiten, bereitest du dein Scheitern vor.

Aus leidvoller Erfahrung kann ich dem nur zustimmen. Und deswegen legen wir in diesem Buch auch so großen Wert auf eine saubere Auftrags- und Kontextklärung sowie eine professionelle Vorbereitung.

Und gleichzeitig kann man sich auch „zu Tode" vorbereiten und versuchen, auf alles und jedes vorbereitet zu sein. Aber auch das wird nicht funktionieren. Soziale Situationen, zu denen Präsentationen ja ohne Zweifel gehören, lassen sich nicht kontrollieren. Vermutlich ist es deswegen besser, sich eher zu früh als zu spät von einem überlastigen Kontroll- und Perfektionsmuster zu verabschieden. Sonst machen Sie Bekanntschaft mit einer anderen Lebenserfahrung: „Je besser du vorbereitet bist, desto härter trifft dich der Zufall."

Dennoch können wir mit einer guten Vorbereitung dafür sorgen, dass unsere Präsentation mit hoher Wahrscheinlichkeit ein Erfolg wird.

Für die Inhalte eines Seminars und damit für jede einzelne Präsentation lautet die (didaktische) Leitfrage:
- Warum ist dieser Inhalt für diese Gruppe zu diesem Zeitpunkt wichtig?
- Welche Rolle spielt diese Präsentation, dieser Vortrag in Ihrem Gesamtkonzept?

Wenn Sie diese Fragen beantwortet und – im Sinne der 4. Säule der Präsentorik – eine klare Zielformulierung gefunden haben, stehen Ihre Themen. Inhaltlich können Sie dann direkt mit dem Masterplan für eine wirkungsvolle Präsentation starten, den Sie im nächsten Kapitel kennen lernen.

Doch neben den Inhalten gilt es, in der Phase der Vorbereitung auch noch eine Reihe von organisatorischen Aspekten zu beachten. Bei diesen besteht die Gefahr, dass die Lebensweisheit des amerikanischen Ingenieurs Edward A. Murphy eintritt. Murphy's Law besagt, „Alles, was schiefgehen kann, wird auch schiefgehen" („Whatever can go wrong, will go wrong").

Findet die Präsentation an Orten und Räumlichkeiten statt, mit denen Sie vertraut sind, müssen Sie sich wahrscheinlich nicht darum kümmern.

Sind Sie auf unbekanntem Terrain, sollten Sie die folgenden Punkte abklopfen – oder sich auf unliebsame Überraschungen gefasst machen:

- Akustik – kommen Sie mit Ihrer Stimme in einem voll besetzten Raum „durch" oder wollen Sie eine Mikro-Anlage nutzen?
- Beleuchtung – wo stehen Sie gut, wo ist Schatten und wo werden Sie geblendet?
- Beamer – von wo fällt er ein, wie können Sie sich bestmöglich positionieren, wie vermeiden Sie es, im Abseits zu stehen?
- Flipcharts und andere Medien – was davon wollen Sie nutzen, welche Medien setzen Sie wie und in welchem Medienmix ein, wo können Sie die Medien positionieren (siehe dazu auch Kapitel 5 „Medien und Medienmix")?
- Belüftung – alles okay? Kann man Fenster öffnen, wo wird die Klimaanlage geregelt, wer kennt sich damit aus?
- Getränk – wo deponieren Sie das Wasser? (Sie werden sicherlich eine trockene Kehle bekommen!)
- Wie ist der Raum eingerichtet? Sind Rednerpult oder Präsentationstische fest installiert? Welchen Gestaltungsspielraum haben Sie?

Ich rede am liebsten frei. Ohne Tisch, ohne Pult – höchstens ein kleines Möbel für einen Monitor. Rede ich in Hotels, auf Messen oder in Präsentations-Locations, versuche ich maximalen Einfluss auf die Gestaltung der „Bühne" zu nehmen, lasse zu steife Settings umbauen und Tische oder Barrieren wegräumen. Wir greifen das Thema „Präsentations-Settings" später in Kapitel 6.3 noch einmal auf.

Das Wichtigste in Kürze

- Sie haben mit Ihrem Auftraggeber und für sich selbst den genauen Inhalt Ihres Seminars/Ihrer Präsentation geklärt und kennen den Kontext, der Sie erwartet.

- All das, was Sie, Ihre Zuhörer, Ihr Thema, das Unternehmen, den Markt beeinflusst und auch der Raum und der Ort, an dem Sie sprechen, gehören zum Kontext der Präsentation – den es zu berücksichtigen gilt.

- Das Komfortzonenmodell mit den drei Bereichen Komfort-, Lern- und Angst/Abwehrzone sorgt dafür, dass Sie inhaltlich und performant anschlussfähig bleiben. Dadurch erreichen Sie Ihre Zuhörer und bewirken konkrete Handlungen und Veränderungen.

- In der Vorbereitungsphase beachten Sie neben den inhaltlichen auch die organisatorischen Aspekte, damit Murphy's Law – nach dem alles, was schiefgehen kann, schiefgehen wird – nicht eintritt.

4 Der Masterplan für eine wirkungsvolle Präsentation

Darum geht es:

Der Masterplan ist eine strukturierte Vorgehensweise. Folgen Sie ihr, wird Ihre Präsentation mit sehr hoher Wahrscheinlichkeit ein Erfolg. Die Struktur orientiert sich dabei an der klassischen Einteilung einer Präsentation: der Einleitung, dem Hauptteil und dem Schluss.

Darüber hinaus enthält der Masterplan für jeden dieser drei Teile eine Art „Baukasten" mit zahlreichen Elementen, die Ihnen die Gestaltung Ihrer Präsentation erleichtern. Diese einzelnen Bausteine beinhalten verschiedene Eröffnungs- und Gliederungsmöglichkeiten sowie Aktionen, mit denen Sie Ihre Teilnehmer aktiv zum Mitwirken anregen. Sie können die unterschiedlichen Varianten so miteinander kombinieren, dass sie wie maßgeschneidert für Ihren Auftrag und für Sie persönlich sind. Mit der Checkliste am Ende des Kapitels behalten Sie dabei leicht den Überblick.

Das ist Ihr Nutzen:

- Sie bekommen Ideen, wie Sie aufregend in einen Vortrag einleiten und so den „Gähn-Faktor" bei Ihren Zuhörern ausschalten.
- Damit Sie sich nicht verzetteln und am Ende keiner so genau weiß, wovon Sie gesprochen haben, behalten Sie den „roten Faden" in der Hand.
- Sie wählen die Gliederungsmodelle und Präsentationsstrukturen aus, die zu Ihrem Thema am besten passen.
- Sie bleiben dauerhaft in bester Erinnerung, weil Ihr Vortrag am Ende nicht einfach abebbt, sondern bis in die letzten Minuten gekonnt inszeniert ist.
- Sie lernen eine Menge Möglichkeiten kennen, im Anschluss an Ihre Präsentation zu einer vertiefenden Auseinandersetzung mit Ihren Inhalten überzuleiten.

Der Masterplan setzt sich aus folgenden Bausteinen/Gliederungspunkten zusammen:

Einleitung – Motivieren Sie Ihre Zuhörer

- **Ungewöhnliche Eröffnung:** Schaffen Sie nach Möglichkeit gleich zu Beginn ein Aha-Erlebnis und führen Sie ins Thema ein.
- **Vorstellung:** Wer sind Sie?
- **Ziel und Relevanz:** Was wollen Sie erreichen und wieso ist das wichtig?
- **Motivation:** Es ist Ihr Thema. Sagen Sie, warum!
- **Transparenz schaffen:** Der Aufbau der Präsentation, Ihre Redezeit, die Ausgabe von Hand-outs, Ihr Umgang mit Fragen, organisatorische Punkte.

Hauptteil – Den roten Faden entwickeln und in der Hand behalten

Achten Sie dabei besonders auf
- **den klaren inhaltlichen Aufbau;**
- **das Performing:** Verständlich, lebendig und einprägsam;
- **die Beziehungsorientierung:** Kontakt aufbauen und Verbindung halten.

Schluss – Bleiben Sie in Erinnerung
- **Zusammenfassung:** Kommen Sie auf den Punkt.
- **Überzeugen:** Ihre Meinung ist gefragt!
- **Anknüpfen:** Das Ende gehört zum Anfang.
- **Aktion:** Zum Handeln und zur inhaltlichen Auseinandersetzung auffordern.

Zu jedem einzelnen Gliederungspunkt mache ich Ihnen sehr konkrete Vorschläge, wie Sie vorgehen können. Vor allem bekommen Sie zu den Punkten Eröffnung, Hauptteil / roter Faden und Aktion ein Füllhorn an Möglichkeiten an die Hand.

Wählen Sie zwischen
- neun Eröffnungsmöglichkeiten,
- zehn Gliederungsvarianten für den Hauptteil,
- 13 Wegen, Ihre Teilnehmer und Zuhörer im Anschluss an die Präsentation ins Handeln zu bringen.

Und das ist nur der Anfang. Denn wenn Sie sich selbst einmal in die Materie eingearbeitet und Erfahrungen gemacht haben, ergeben sich durch Kombinationen viele weitere Varianten. Suchen Sie sich also die für Sie passenden heraus oder lassen Sie sich zu eigenen Modifikationen inspirieren.

4.1 Einleitung – Motivieren Sie Ihre Zuhörer

4.1.1 Ungewöhnliche Eröffnung und Einführung ins Thema

Nutzen Sie die Chance, Ihre Teilnehmer gleich zu Beginn Ihrer Präsentation positiv zu überraschen – und legen Sie schon hier die Grundlage dafür, dass Ihre Inhalte, Botschaften und Sie selbst entsprechend ankommen.

Denn: Wenn wir in Erinnerung bleiben und uns von anderen absetzen wollen, dann sollten wir etwas tun, was andere so nicht machen. Gleich am Anfang, in den ersten Sekunden des Vortrags, ist die Aufmerksamkeit häufig am höchsten.

Sie stehen vorn, schauen mit freundlichem Blick in die Runde und schweigen. Jetzt wird es mucksmäuschenstill, alle sehen Sie an – und Sie sagen eben nicht:

„Schönen guten Morgen, meine Damen und Herren, mein Name ist abc von der Firma 123 und heute Morgen spreche ich zu Ihnen über das Thema Zeitmanagement." Denn so steigen die meisten ein. Und viele Teilnehmer schalten schon an dieser Stelle ab. Aber auch, wenn es Ihnen gelingt, die Leute bei der Stange zu halten, haben Sie eine negative Erwartung bestätigt – und die Chance, es besser zu machen, verstreichen lassen.

Stattdessen platzieren Sie bereits hier die erste Überraschung: Sie holen einen Zollstock hervor, klappen ihn aus und sagen: „Stellen wir uns einmal vor, dass der ausgeklappte Zollstock die durchschnittliche Lebenserwartung in Deutschland ausdrückt." Dann halbieren Sie ihn: „Wenn Sie 40 wären, hätten Sie jetzt schon die Hälfte hinter sich." Vierteln sie ihn noch einmal: „Bezogen darauf, was Sie in Ihrem Arbeitsleben realisieren können, ist also gar nicht mehr so viel übrig. Was möchten Sie erreichen in diesem verbleibenden Viertel? Darum soll es heute gehen: Schönen guten Morgen und herzlich willkommen zu unserem Zeitmanagement-Seminar ..."

Für Trainer und Dozenten gehört es zum Geschäft, im Laufe eines Workshops oder Seminars an aufeinanderfolgenden Tagen mehrere (Kurz-)Präsentationen zu halten – vor denselben Teilnehmern.

 Wenn Sie sich schon beim ersten Vortrag ganz konventionell vorgestellt haben, was machen Sie zu Beginn Ihres zweiten und dritten Auftritts? „Meinen Namen, abc, kennen Sie ja schon. Jetzt spreche ich zum Thema uvw." Wie wird das Publikum wohl darauf reagieren, wenn schon die erste Vorstellung Gähn-Attacken ausgelöst hat? Das wollen wir uns lieber gar nicht erst vorstellen!

 Wenden wir uns stattdessen den Möglichkeiten zu, mit denen Sie durch interessante Einstiegsvarianten Ihre Teilnehmer positiv überraschen und sich selbst als fassettenreich Präsentierenden einprägen.

Die Eröffnungen, die ich Ihnen noch näher vorstellen werde, eignen sich sowohl für den Beginn von Seminaren, zur „Wiedereröffnung" am zweiten Tag und auch zum Einstieg von Impuls-Referaten, Vorträgen und Präsentationen. Sie eignen sich dazu, einen Spannungsbogen aufzubauen und aufrechtzuerhalten.

Vielleicht steigen Sie lieber konventionell mit Ihrer Vorstellung ein, weil eine ungewöhnliche Eröffnung für Sie nicht passt? Dann können Sie die neun Ideen der Eröffnungsmöglichkeiten auch im Hauptteil Ihrer Präsentation unterbringen. Damit machen Sie Ihre Präsentation lebendig. Der Zollstock aus der Einführung in das Zeitmanagement-Seminar erfüllt seinen Zweck auch mitten im Vortrag und wird Ihren Teilnehmern in Erinnerung bleiben. Ebenso ist es mit einem YouTube-Clip zum Reklamationsverhalten, Gegenständen und auch der Zahlenakrobatik (S. 61), die alle zum Stilmittel im Hauptteil und manche auch im Schlussteil der Präsentation werden können.

Neun bestens bewährte Varianten:

1. Ein Bild sprechen lassen
2. Bild- und Tonanimationen, YouTube & Co.
3. Einen Gegenstand ins Spiel bringen
4. Zahlenakrobatik
5. News aus Radio, Fernsehen und Zeitung
6. Eine Anekdote
7. Eine provozierende Behauptung
8. Ein Versprechen machen
9. Ein Blick in die Historie oder Zukunft

1. Ein Bild sprechen lassen

Wenn Sie als Beispiel dieses Bild verwenden, könnte Ihr sprachlicher Einstieg so aussehen:

„Bitte werfen Sie einmal einen Blick auf dieses Bild. Ein von seiner Ausrüstung kaum zu toppender Soldat: Gasmaske, Schnellfeuergewehr und Patronengurt hat er ebenso dabei wie Spaten, Schlafsack und Feldflasche. Ein gleichzeitig angriffs- und verteidigungsbereiter Allrounder, der seinen Weg geht, unabhängig davon, wer oder was ihm entgegentritt.

Manchmal, wenn ich an Besprechungen teilnehme, in denen es um Kooperation und ums Miteinander geht, habe ich den Eindruck, dass die Teilnehmer genauso am Tisch sitzen ... Bis an die Zähne bewaffnet – aufeinander zuzugehen scheint unmöglich.

Welche Möglichkeiten haben wir, um in einem solchen Klima positive Akzente zu setzen? Darum soll es in meiner Präsentation jetzt gehen. Sie dauert ca. 20 Minuten und ich sage es gleich vorneweg: Ich möchte nachdrücklich dafür werben, es anders zu machen ...“

Oder:

„In diesem Cartoon sehen wir einen älteren Herrn (wobei Geschlecht und Alter hier keine Rolle spielen sollen) in einem Restaurant, der sich erbost von seinem Tisch erhebt und den Geschäftsführer zu sprechen verlangt. Warum? Man hat ihm in die Hose gemacht! Dabei geht das gar nicht. Man kann uns nicht in die Hose machen

– zumindest nicht, solange wir sie tragen. Der Einzige, der ihm also in die Hose gemacht haben kann, ist er selbst. Verantwortung für das eigene Handeln zu übernehmen, scheint diesem Zeitgenossen allerdings völlig fremd zu sein.

Verantwortung für das eigene Handeln zu übernehmen, ist aber eine wichtige Eigenschaft für gute Führungsarbeit in Organisationen – und genau darum soll es heute gehen. Schönen guten Morgen, mein Name ist Udo Kreggenfeld ...“

„Unverschämtheit! Ich verlange sofort den Manager: Mir wurde ins Beinkleid gemacht.“

2. Bild- und Tonanimationen

Auf YouTube lassen sich viele Spots finden, die wir für Präsentationen nutzen können. Geben Sie dort im Suchfenster einmal „Media Markt Leipzig“ ein. Sie hören dann ein Telefonat, das vom PSR Radio „Sinnlos-Telefon“ mit einem Media Markt-Mitarbeiter geführt wurde. Bewundernswert, wie dieser die Contenance bewahrt, trotz der vielen Verbalausfälle des vermeintlichen Kunden. Das kann ein wirkungsvolles Intro für einen Kurzvortrag zum Thema Reklamationsverhalten sein.

3. Einen Gegenstand ins Spiel bringen

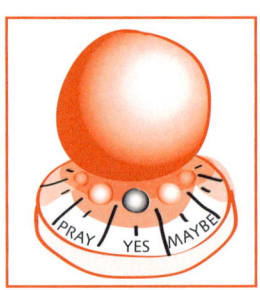

„Kennen Sie die so genannten Decision-Maker? Das sind kleine Roulette-Apparate aus Edelstahl. Die können Sie in der Hand halten oder auf den Tisch stellen und dann einen Drehmechanismus auslösen.

Dadurch rollen viele silberne und eine rote Kugel um die folgenden Entscheidungsoptionen: yes, maybe no, ask mom, fire someone, buy, sell, pray. Sie nehmen die Entscheidung, bei der die rote Kugel stehen bleibt ...

Der Vorteil: Sie brauchen sich nicht selbst entscheiden, sondern delegieren die Verantwortung an den Decision-Maker. Zudem geht das leicht und schnell. Nur: Welche Güte die Entscheidung dann hat und wie Sie diese später verargumentieren können, das steht auf einem anderen Blatt. In den kommenden zwei Tagen möchte ich mit Ihnen Möglichkeiten erarbeiten, wie Sie Entscheidungen treffen, die a) mit einer hohen Wahrscheinlichkeit zu qualitativen Verbesserungen in Ihrem Bereich führen und b) Ihnen den Rücken frei halten, wenn Sie später einmal die Gründe für diese Entscheidung darstellen müssen ...“

Ich arbeite gerne mit Gegenständen. Ob Decision-Maker in Seminaren zu Entscheidungstechniken, Zollstöcke für das Thema Zeitmanagement (siehe oben S. 58), Flaschen mit langen, dünnen Hälsen, wenn es um die Bewältigung von Engpässen geht oder auch mit Jonglierbällen, um zum Thema Projektmanagement überzuleiten:

„Haben Sie schon einmal Jongleure beobachtet? Die halten nicht nur drei, sondern fünf, sieben oder noch mehr Bälle permanent in der Luft. Es gibt kein Patentrezept, wann welcher Arm wie bewegt werden oder welcher Ball wie hoch geworfen werden muss. Das ist eine Parallele zum Projektmanagement, denn auch dort müssen verschiedene Bereiche am Laufen gehalten und koordiniert werden – ebenfalls ohne Patentrezept. Was jedoch hilft, sind bestimme Schlüsselkompetenzen, mit denen Sie auch beim Scheitern des Projektplans handlungsfähig bleiben – und genau das ist heute unser Thema ...“

Gegenstände haben den großen Vorteil, dass man sie in der Hand halten und anfassen kann. Sie können sie außerdem in Ihrer Teilnehmerrunde rumgeben lassen und schaffen so ein haptisches Erlebnis.

4. Zahlenakrobatik

„Laut brand eins, Ausgabe 1/2012, halten 7,9 Prozent der Spanier einen Mittagsschlaf. Bei den Deutschen sind es 21,8 Prozent – also fast dreimal so viel. Fragt man Menschen auf der Straße, halten das nur die wenigsten für möglich. Es zeigt aber, dass wir durchaus kulturelle Vorurteile haben – die durchaus sehr falsch sein können. Genau darum soll es in meinem Kurz-Referat gehen. Ich möchte Ihnen Erklärungen vorstellen, wie diese Vorurteile zu Stande kommen und dann mit Ihnen darüber diskutieren, was wir dagegen unternehmen können ...“

Übrigens: Die brand-eins-Kolumne „Die Welt in Zahlen“ ist eine nie versiegende Quelle für interessante und überraschende Zahlen.

5. News aus Radio, Fernsehen und Zeitung

Während ich diese Zeilen schreibe, kann ich nicht vorhersehen, was genau in dem Moment, in dem Sie diesen Text lesen, die Welt, Ihre Region oder Sie bewegt.

Nehmen wir einmal an, Sie sind Referent in einem firmeninternen Strategie-Workshop. Während des Frühstücks schlagen Sie den Wirtschaftsteil Ihrer Zeitung auf und lesen, dass es der Firma abc gelungen ist, mit einem neuen Produkt zum Marktführer in Europa aufzusteigen. Dann könnten Sie den Strategie-Workshop folgendermaßen beginnen:

„Ich weiß nicht, ob Sie heute Morgen schon Gelegenheit hatten, einen Blick in die Zeitung zu werfen. Da ist ein sehr interessanter Bericht über die Firma abc. Die hat es geschafft, mit einem ausgezeichneten Produkt zum Marktführer in Europa zu werden. Wow, da ziehe ich den Hut.

So ein Erfolg, der fällt ja nicht vom Himmel, sondern wird in der Regel von langer Hand geplant und ist das Ergebnis von guten strategischen Analysen und Entscheidungen.

Sagen Sie, wäre es nicht wundervoll, wenn wir in ein bis zwei Jahren in dieser Zeitung lesen, dass unsere Firma mit der neuen strategischen Ausrichtung 123 zum Marktführer im Bereich xy avanciert ist?

Schönen guten Morgen, damit sind wir auch schon mitten beim Thema ...“

6. Eine Anekdote

„Vor einigen Jahren habe ich gemeinsam mit drei Kollegen die Fusion zweier Zeitarbeitsfirmen moderiert. Die Veranstaltung begann abends mit einer Art Zusammenführung, in der die Führungskräfte im Reißverschlussprinzip aus zwei Reihen zu einer Reihe zusammengewachsen sind. Am nächsten Morgen begann die inhaltliche Arbeit. Dazu bildeten wir vier Gruppen mit jeweils 15 Personen. Als ich um 8:30 Uhr den Raum betrete, sind alle Teilnehmer schon da. Während ich zu dem mir zugedachten Platz gehe, bemerke ich eine sonderbare Stille. Ich lege meine Tasche ab und will gerade zur Begrüßung ansetzen, da steht ein Teilnehmer auf, hochrot im Gesicht und schreit mich an: ‚Ihr externen Berater! Wir wollen euch nicht, wir haben keine Lust, euren Konzepten zu folgen, die dann am Ende doch nicht funktionieren!‘

Ich sagte: ‚Oh, eigentlich wollte ich Sie gerade begrüßen und Guten Morgen wünschen.‘ Er entgegnete: ‚Das ist kein guter Morgen. Für uns nicht – und für Sie auch nicht! Na ja, Ihr Honorar werden Sie so oder so einstreichen ...‘

Und in dieser Preisklasse ging es weiter. Ich weiß heute nicht mehr, was ich genau gesagt oder getan habe. Ich weiß nur, dass ich gegen 9 Uhr 30 sagte: ‚Ich glaube, wir alle sollten uns nun eine Kaffeepause gönnen. Lassen Sie uns in 20 Minuten weitermachen.‘

Nach diesen 20 Minuten war der erregte Teilnehmer wie ausgewechselt. Keine Ahnung, was mit ihm passiert ist. Vielleicht hat er ein Valium geschluckt, vielleicht haben seine Kollegen oder auch sein (neuer) Chef ihn ins Gebet genommen. Aber seitdem weiß ich: Pausen sind ein exzellentes Mittel, um schwierige Situationen mit Kunden zu meistern. Herzlich willkommen zu unserem Workshop: Trouble Shooting.“

7. Eine provozierende Behauptung

Die Idee hierbei ist, gleich am Anfang mit einem Knaller zu starten, der dem Publikum direkt einen Adrenalinstoß versetzt: Als Dozent an einer Bildungsakademie oder als Trainer bzw. Mitarbeiter in einem Trainingsunternehmen könnten Sie wie folgt starten:

„Liebe Kollegen: Wenn wir so weitermachen wie bisher, sind wir in zwei Jahren nicht mehr Marktführer – sondern Primus im Hinterherlaufen. Zumindest die, die ihren Arbeitsplatz dann noch in dieser Firma haben ... Wir müssen unsere Performance verbessern, kein Weg geht daran vorbei. Wie das funktionieren kann, dazu möchte ich Ihnen in den nächsten 15 Minuten erste Vorschläge unterbreiten. Schönen guten Morgen, ...“

8. Ein Versprechen machen

„Wäre es nicht wundervoll, wenn Sie in Ihrem Leben nie mehr nach guten Gründen suchen müssten, um Ihre Thesen, Wünsche und Behauptungen zu untermauern? Wäre es nicht ein Traum, wenn Sie nie mehr um eine Antwort verlegen sein müssten, um eine Handlung, eine Entscheidung oder eine Aussage zu begründen? Wenn Sie diese Fragen bejahen, habe ich eine gute Nachricht für Sie. Ich möchte Ihnen in den folgenden zwölf Minuten einen Argumente-Generator vorstellen, der genau diesen Traum wahr werden lässt ...“

9. Ein Blick in die Historie oder Zukunft

„Wissen Sie, was sich genau an diesem Ort vor 120 Jahren befand? Ein Pferdefuhrunternehmen – in der fünften Generation und mit einer goldenen Vergangenheit. Die letzte Generation machte sich gehörig darüber lustig, als man hörte, dass irgendwelche spinnerten Ingenieure im Raum Stuttgart und Mannheim Maschinen entwickelten, die Pferde ersetzen sollten. Zumal diese Maschinen ausgebaute Wege und auch ständig irgendwelchen ‚Kraftstoff‘ benötigen würden, den es ohnehin nirgendwo gab.

Am Ende aber ist diesen so von sich eingenommenen Fuhrunternehmern der Spaß gründlich vergangen. Nämlich genau dann, als Mitbewerber die Chance erkannten, auf Automobile setzten und mit deren geballten Pferdestärken viel schneller mehr Güter von A nach B transportieren konnten als mit den traditionellen Pferdegespannen. Da wurde das ehemals so erfolgreiche Unternehmen für einen Spottpreis veräußert und niemand und nichts erinnert mehr an seine goldenen Jahre. Es war schlicht und einfach weder willens noch in der Lage dazu, die Zeichen der Zeit zu lesen, Megatrends zu identifizieren und für sich zu nutzen.

Ich möchte nicht, dass es uns genauso ergeht. Deswegen stelle ich Ihnen in der nächsten Viertelstunde ein Trendanalyse-Tool vor, das uns davor bewahren kann, ähnlich zu enden wie dieses Fuhrunternehmen. Herzlich willkommen ...“

Mit einer dieser neun bewährten Möglichkeiten schaffen Sie es, gleich zu Beginn die Aufmerksamkeit zu erlangen und Ihre Zuhörer in die Lernzone zu bringen.

Weiter geht es dann mit Ihrer persönlichen Vorstellung.

4.1.2 Vorstellung: Wer sind Sie?

„Mein Name ist Kreggenfeld, Dr. Udo Kreggenfeld." Oder mit anderen Worten: „Ich bin Udo Kreggenfeld."

Kurz und bündig: Das ist gut, wenn alle Teilnehmer Sie und Ihre Funktion kennen. Falls Sie Inhouse-Trainer sind, wird das in aller Regel der Fall sein.

Treten Sie allerdings als externer Dozent und Trainer auf, dann möchten Ihre Teilnehmer wissen, wer der Mensch ist, der vor ihnen steht. Man möchte Sie kennen lernen. Ergänzen Sie Ihre Vorstellung deswegen: Wie sind Sie zu Ihrem Job gekommen, welche Qualifikation steht dahinter, was fasziniert Sie an Ihrem Job oder an dem Thema ganz besonders? Nichts spricht dagegen, auch ein, zwei private Informationen zu geben. Es hilft dabei, im Anschluss an Ihren Vortrag oder in der Pause ein wenig Smalltalk zu machen.

4.1.3 Ziel und Relevanz: Ihr Beitrag soll etwas erreichen

Im Kapitel 2 „Die vier Säulen der Präsentorik" haben wir diesen Punkt unter der Überschrift „Klare Zielorientierung" (Kap. 2.4) schon ein erstes Mal beleuchtet. Schauen Sie da gerne noch einmal rein.

Es ist äußerst sinnvoll, darüber nachzudenken, was Sie mit Ihrem Vortrag und Ihrer Präsentation erreichen wollen. Schließlich nimmt sich eine Gruppe von Menschen Zeit, um Ihnen zuzuhören. Meiner Meinung nach sollten Sie auf jeden Fall mehr vorhaben, als alle über einen bestimmten Sachverhalt zu informieren. Denn dafür gibt es hervorragende andere Medien wie etwa E-Mails.

Die entscheidenden Fragen sind:
- Was wollen Sie mit Ihrem Vortrag erreichen?
- Was soll anders sein, nachdem man Ihnen zugehört hat?
- Wofür wollen Sie Ihre Zuhörer gewinnen?
- Was sollen sie mit den Inhalten anfangen?

Darum geht es hier! Verlassen Sie sich aber nicht darauf, dass Ihre Zuhörer wissen, was Sie meinen. Sagen Sie es klipp und klar:
- „Ich möchte Sie gerne von den Vorteilen der neuen Software überzeugen, und bei Ihnen dafür werben, diese auch in Gesprächen mit Kollegen weiter zu kommunizieren ..."
- „Ich stelle Ihnen jetzt die neun Erfolgsfaktoren für eine erfolgreiche Gesprächsführung vor. Damit versetze ich Sie in die Lage, ganz gezielt an Ihrem Kompetenzaufbau zu arbeiten."
- „Das Rollenkonzept für Führungskräfte wird Sie dafür sensibilisieren und als Werkzeug dabei unterstützen, Ihre neue Rolle kraftvoll auszufüllen. Damit können Sie mit Ihren Rollenpartnern in einen Austausch über die Erwartungen gehen, die Sie aneinander haben."

- „Mein Ziel ist es heute, eine Brücke zu bauen und die Kluft zu überwinden, die sich in den letzten Monaten zwischen dem Betriebsrat und der Geschäftsführung aufgetan hat. Wir sollten wieder in der Lage sein, an einem Tisch offen über alle Probleme zu sprechen – ohne dass eine Partei wutschnaubend den Raum verlässt.“

4.1.4 Motivation: Es ist Ihr Thema

Sie haben im Auftrag Ihrer Firma eine umfangreiche Fortbildung im Zeitmanagement absolviert und sollen als Multiplikator dieses Knowhow in verschiedenen Fachabteilungen weitergeben. Mit Ihrem neuen Wissen sind Sie dafür ausreichend qualifiziert.

Doch wie viel überzeugender wirken Sie, wenn Ihre Zuhörer Ihre echte Motivation spüren – beispielsweise durch einen persönlichen Bezug:

„Ich habe einen guten Freund, sehr sympathisch, sehr erfolgreich. Ein sehr gewinnender Zeitgenosse. Wenigstens bis vor Kurzem. Es war schon längere Zeit aufgefallen, dass es schwierig war, mit ihm über andere Themen als Arbeit zu reden. ... Lange Rede, kurzer Sinn: Er hatte einen Burn-out. Ich habe erlebt, welche Konsequenzen das für ihn selbst und auch für seine Familie hatte. Deswegen freue ich mich, dass wir das Thema Zeitmanagement behandeln. Meine Hoffnung ist, dass ich heute einen Beitrag leisten kann, um mit Ihnen gemeinsam zu erarbeiten, wie eine gute Balance zwischen Arbeiten und Entspannen aussehen kann ...“

Wenn andere Menschen wissen, warum Sie motiviert sind, hilft Ihnen das, auch schwierige Aufgaben leichter zu bewältigen.

Dazu möchte ich Ihnen einen Fall aus meinem eigenen beruflichen Alltag erzählen:

Kürzlich hatte ich den Auftrag, den Vorstand eines Finanzdienstleisters zu coachen. Mein Kunde führt einen großen Konzern und war auf Tour von Standort zu Standort, um die Modalitäten einer geplanten Umstrukturierung zu erläutern. Das Problem war nur: Der Vortrag kam nicht gut an. Bei manchen Zuhörern schien das Wort „Umstrukturierung“ zu reichen, um innerlich auf Abwehr zu schalten und die Schotten herunterzulassen.

Doch gab es noch einen weiteren Grund, warum er die Konzernmitarbeiter nicht erreichte: Sein Auftritt war technokratisch und unpersönlich. Herr X begründete die Umstrukturierung mit den Erfordernissen des Marktes und neuen Wettbewerbsbedingungen. Sehr schnell kam er darauf zu sprechen, was er von den Mitarbeitern erwartete, damit die von den externen Beratern ausgeklügelte Strategie zum Erfolg würde.

Als ich ihn im Gespräch fragte, wie er denn persönlich zu der Umstrukturierung stünde, verstand er mich zunächst nicht: „Herr Kreggenfeld, es ist mein Job, unsere

Unternehmen profitabel zu halten. „Ja", sagte ich, „das ist schon klar. Aber losgelöst von dem, was man sowieso von einem Vorstand erwartet, warum setzen Sie sich für diese Umstrukturierung ein?" Daraufhin erzählte er mir, dass es schon immer sein Antrieb war, die Unternehmen, in denen er gearbeitet hat, unter sich rasant verändernden Umwelt- und Konkurrenzbedingungen wettbewerbsfähig zu halten. Es sei doch eine faszinierende Aufgabe, dafür zu sorgen, sich auf dem Markt zu behaupten, sich neu aufzustellen, um den immer individuelleren Kundenwünschen gerecht zu werden und dabei möglichst viele Mitarbeiter mitzunehmen.

Während er sprach, spürte ich förmlich, dass er es ernst meinte und dass er sich in diesem Moment ein Stück weit geöffnet und mir Einblick in seine tiefe Motivation gegeben hatte.

„Haben Sie das schon einmal Ihren Leuten erzählt?", fragte ich. „Nein", sagte er, „warum sollte ich?" „Weil Sie sich damit als handelnder Mensch erkennbar machen. Weil damit deutlich wird, was Sie antreibt, was das Thema persönlich mit Ihnen zu tun hat. Und es wird deutlich, dass Sie zu 100 Prozent hinter dem stehen, was Sie da vortragen – und dadurch wird es viele Zuhörer geben, die Ihnen anders zuhören als vorher. Weil Sie damit Neugierde produzieren. Neugierde darauf, was Sie sich genau überlegt haben."

Und in der Tat war es so. Die vormals technokratisch erscheinende Vorstandsmaschine kam auf einmal als engagierter Jobbewahrer daher und konnte so einen Beitrag für eine bessere Akzeptanz der getroffenen Entscheidungen leisten.

Genau darum geht es in dem Punkt Motivation: Eine Verbindung herstellen zwischen sich und dem Thema. Dabei helfen folgende Fragen:

- Was fasziniert Sie daran, mental oder herzmäßig?
- Wieso setzen Sie sich dafür ein?
- Was ist Ihr persönlicher Bezug zu diesem Thema?
- Haben Sie eigene Beispiele?
- Was ist Ihre Meinung?

Bei erfolgreichen Trainern und Dozenten spürt man, dass sie mit Herzblut dabei sind oder dass sie Gedanken und Überlegungen folgen, hinter denen sie voll und ganz stehen.

4.1.5 Transparenz schaffen über: Aufbau der Präsentation, Zeiten, Hand-outs, Fragen, Organisatorisches

Hier gilt das Motto: Sage, was du tun wirst. Sage, was du tust und sage, was du getan hast.

Beschreiben Sie, wie Sie in Ihrem Beitrag vorgehen werden. Zum Beispiel: „Ich möchte gleich mit einem Rückblick auf die Geschichte der Managementforschung zum Thema Führungsstile beginnen, komme dann auf das aktuelle Führungsparadigma zu sprechen und werde im letzten Drittel einen Ausblick in die Zukunft wagen und dabei vorstellen, welche Führungsaktivitäten in meinen Augen am erfolgversprechendsten sind."

Schaffen Sie dann Transparenz über Zeiten, Pausen und Organisatorisches. Informieren Sie Ihre Zuhörer, ob und wann Sie Hand-outs oder andere Unterlagen verteilen werden. Führen Sie aus, wie Sie mit Fragen umgehen wollen – beispielsweise in dieser Form: „Falls Sie Verständnisfragen haben, bitte ich Sie, diese sofort zu stellen. Fragen von eher grundsätzlicher Natur, z.B. ob es Sinn macht, sich überhaupt ausführlich mit diesem Thema zu beschäftigen, bitte ich Sie, zunächst zurückzustellen. Denn da könnte es sein, dass sich das ein oder andere bereits in meinem Vortrag beantwortet."

Erklären Sie auch, welche Beteiligungsmöglichkeiten Ihre Zuhörer haben und ob es einen Wechsel gibt zwischen Zuhören und Sich-Einbringen. Sagen Sie auch, wie es nach dem Vortrag weitergehen wird.

In einem zwei- bis dreitägigen Seminar werden Sie nicht jede Präsentation so intensiv einleiten und mitunter sehr viel direkter in den Hauptteil einsteigen. Das ist sicher auch okay so. Im Seminarkontext stellen Sie sich ohnehin nur einmal vor. Manche Punkte wie „Unterlagen", „Fragenmanagement" und „Organisatorisches" würden sich dagegen ehedem wiederholen. Gut beraten sind Sie in meinen Augen allerdings, wenn Sie bei der ersten Präsentation und bei besonders wichtigen Themen alle hier für die Einleitung genannten Punkte performen.

4.2 Hauptteil: Den „roten Faden" entwickeln und in der Hand behalten

Die „Vorrede" liegt hinter Ihnen. Sie haben einen spannenden Einstieg geliefert, sich eindrücklich vorgestellt, Transparenz geschaffen über das Thema, das Ziel, Ihre Motivation, zum Fragen- und Zeitmanagement und auch, wie Sie vorgehen wollen. Erinnern wir uns an den Anfang dieses Kapitels: Auf die Einleitung folgt nach dem klassischen Muster der Hauptteil. Auch hierfür habe ich Ihnen einen gut bestückten Baukasten zusammengestellt. Damit können Sie den Mittelteil Ihrer Präsentation strukturiert und variantenreich planen. Denn jetzt ist es an der Zeit, die Erwartungen zu erfüllen und Ihre Inhalte und Ihre Botschaft zu transportieren. Und zwar vor allem: Verständlich, lebendig, anregend und so, dass jeder jederzeit weiß, wo Sie gerade sind und wo die Reise hingeht – entlang eines roten Fadens also.

In vielen guten Präsentationen ist der rote Faden bereits im Titel oder Untertitel erkennbar:

- Das Mastermodell zur Verhandlungsführung – in 7 Stufen zum Verhandlungserfolg.

- Das 3-Phasen-Modell der Gesprächsführung.
- Die bedeutendsten Managementstile der letzten 50 Jahre.

In diesen Beispielen orientieren sich die Präsentierenden an der logischen Ordnung des Themas und arbeiten es Punkt für Punkt ab. Beim Mastermodell zur Verhandlungsführung beispielsweise, indem Sie Stufe für Stufe vorstellen und die jeweiligen Besonderheiten herausarbeiten.

Im Folgenden stelle ich Ihnen elf „rote Fäden" bzw. Gliederungsmodelle detailliert vor – und ergänze diese Ausführungen noch um das Pyramidenprinzip, das Sie in jedem Modell zum Untermauern Ihrer Aussagen nutzen können:

1. Der zeitliche oder organisatorische Verlauf
2. Die Dreier-Struktur
3. Das Pro-Contra-Schema
4. Das Gestern-Heute-Morgen-Modell
5. Die Analogie
6. Die Nutzenargumentation
7. Pars pro Toto
8. Ist-Soll-Wegdahin
9. Die Viererkette
10. Die Meinungsrede
11. Das Pyramidenprinzip

1. Der zeitliche und organisatorische Ablauf

Immer wenn es darum geht, Themenfelder vorzustellen oder einzuführen, die sehr systematisch bearbeitet werden können oder sollen, ist die Struktur des zeitlichen oder organisatorischen Ablaufs eine gute Wahl. Oder wenn Sie einem Publikum gegenüberstehen, das ein besonders systematisches Vorgehen einfordert.

In diesem Kapitel, in dem wir den Masterplan für eine perfekte Präsentation darstellen, arbeiten wir nach dieser Struktur:

„Sie interessieren sich dafür, wie man einen guten Vortrag aufbaut. Lassen Sie uns dazu Schritt für Schritt alle Stationen durchgehen, die relevant sind: von der Auftragsklärung und Vorbereitung über die Einleitung, den Hauptteil und Schluss bis zum Fragenmanagement und zu Ihrem persönlichen Abgang. Ich beginne mit der Vorbereitung ..."

Auch für einen Inhouse-Trainer, der über Prozessabläufe spricht, die linear dargestellt werden können, ist der zeitliche und organisatorische Ablauf bestens geeignet. Ebenso, wenn es darum geht, Handlungsverläufe in Form von „Kochrezepten" vorzustellen. Doch Vorsicht: Die große Gefahr besteht bei diesem Strukturmodell darin, sich zu verzetteln, vom „Hölzchen aufs Stöckchen" zu kommen, in Kleinigkeiten zu versinken und die große Linie zu verlieren. Wenn Sie alle Prozessschritte beschreiben – und das können in Abhängigkeit vom Thema leicht 20 und mehr sein – überfordern Sie die Aufnahmebereitschaft des Publikums. Auch ein Spannungsbogen ist bei derart langen Ausformulierungen schwer aufrechtzuerhalten.

Meine Empfehlung lautet: **Konzentrieren Sie sich auf einige wenige Punkte aus dem zeitlichen und organisatorischen Ablauf.** Am besten auf die drei wichtigsten. Oder auf die, die Sie aus besonderen Gründen hervorheben wollen, weil Sie daran Ihre Aussage am besten veranschaulichen können. Wichtig dabei: Machen Sie Ihre Auswahl transparent. Begründen könnten Sie das beispielsweise so:

„Ich gebe Ihnen im Folgenden einen Überblick darüber, wie Bestellungen in unserem Hause bearbeitet werden. Sie werden sehen, dass je nachdem, wo eine Bestellung aufschlägt, bis zu 14 Stationen durchlaufen werden, bis die Produkte verschickt und die Rechnungseingänge auf unseren Konten überprüft werden.

Ich möchte keine dieser Stationen unterschlagen, mich im Folgenden aber auf drei Stationen konzentrieren. Diese zeigen die Komplexität der Abstimmungsprozesse sowohl intern als auch mit unseren Lieferanten. Daran wird deutlich, wie wichtig das Thema Kommunikation dabei ist. Was an den anderen Stationen geschieht, können Sie später gerne der Prozessdokumentation entnehmen. Also: Wir konzentrieren uns jetzt auf die Stationen 1, 8 und 11. ..."

2. Die Dreier-Struktur

Die einfachste und einprägsamste Form ist in meinen Augen die Dreier-Struktur. Viele erfolgreiche Slogans belegen das: „Drei Dinge braucht der Mann: Feuer, Pfeife, Stanwell." Oder auch: „Ritter Sport: quadratisch, praktisch, gut."

Die Dreier-Struktur ist voller Möglichkeiten und nahezu universell einsetzbar.
* „Ich möchte Ihnen die drei besten Gründe vorstellen, die für eine Verbesserung der Mitarbeitergespräche sprechen."
* „Lernen Sie jetzt die drei wichtigsten Werkzeuge im persönlichen Zeitmanagement kennen ..."
* „Ich werde Ihnen anhand von drei Beispielen zeigen, warum es in meinen Augen keinen Sinn macht, asiatische Führungspraktiken in unseren Kulturkreis zu übertragen ..."
* „Es gibt ein Führungsmodell, das Ihre Aufmerksamkeit auf drei Felder fokussiert und es Ihnen ermöglicht, im Dschungel des Führens den Überblick zu behalten."

Der Dreier-Rhythmus scheint auf uns Menschen eine hohe Attraktivität auszuüben. Das beschreibt der Hirnforscher Professor Dr. Ernst Pöppel, der sich intensiv mit diesem Thema beschäftigt hat, u.a. in seinem Buch „Je älter desto besser". Auch zwei Strukturen, die ich Ihnen im Folgenden vorstelle, nutzen das Dreiermuster: Das „Gestern-Heute-Morgen-Modell" und die „Ist-Soll-Weg-dahin-Struktur". Weil diese beiden durch die zeitliche bzw. zielorientierte Logik eine eigene Qualität aufweisen, werden sie gesondert aufgeführt.

3. Das Pro-Contra-Schema

Wollen Sie die Vor- und Nachteile eines Themas darstellen, eignet sich – wie sollte es anders sein – besonders das Pro-und-Contra-Schema. Stellen Sie die beiden Seiten dabei in etwa im selben Umfang dar, erwecken Sie schnell den Eindruck von Objektivität. Darin liegt der Vorteil.

Ein dieses Muster performender Trainer und Dozent positioniert sich als jemand, der um ein ehrliches Abwägen bemüht ist. Er verfährt nach der alten Volksweisheit „Jede Medaille hat zwei Seiten", worauf viele Menschen sehr positiv reagieren.

- „Mit dem Führungsstil ‚Management' by Helicopter' sind Chancen und Risiken verbunden. Lassen Sie uns zunächst auf die Risiken schauen und anschließend die Chancen beleuchten ..."
- „Strukturierte Gesprächsverläufe im Konfliktmanagement bieten für die beteiligten Akteure Vor- und Nachteile. Lassen Sie uns beide Seiten einmal möglichst unvoreingenommen anschauen. Dazu habe ich die jeweils drei populärsten Argumente zusammengetragen. Ich beginne mit den Pro-Argumenten ..."
- „Für Ihren Vorschlag sprechen die Punkte a, b, c, dagegen sprechen d, e, f."

Nach dem Vortragen der Argumente bieten sich zwei Vorgehensweisen an:
- Sie eröffnen die Diskussion und bitten die Teilnehmer, weitere Argumente anzuführen oder Sie erkundigen sich danach, welche der Argumente die Teilnehmer am meisten überzeugen.
- Sie sprechen eine Empfehlung für das Pro oder das Contra aus, formulieren einen Kompromiss oder richten den Fokus auf eine Möglichkeit, die bisher noch nicht aufgetaucht ist. Wenn wir uns dazu einmal vorstellen, dass Sie sich in Ihrer Präsentation mit dem Thema „Bücher über Präsentationstechniken" beschäftigen, könnte das ganz praktisch so aussehen:

> „Der Vorteil von Büchern über Präsentationstechniken ist, dass man darin ausführliche Hintergrundinformationen und theoretisches Wissen vermittelt bekommt. Der Nachteil ist, dass man mit einem Buch nicht sprechen kann und auch kein persönliches Feedback, wie von einem Trainer, erhält.

> Deswegen schlage ich vor, beides miteinander zu kombinieren: Fundierte Theorie in komprimierter Form und praktisches Ausprobieren in einem Training. Lassen Sie uns deswegen den Autor dieses Buches kontaktieren und uns bei seinem nächsten Seminar anmelden."

4. Das Gestern-Heute-Morgen-Modell

Das „Gestern-Heute-Morgen-Modell" eignet sich ganz besonders, um aus dem Stand heraus zu sprechen, ist also bestens für alle „Stegreif"-Vorträge oder -Präsentationen geeignet. Wer es drei bis vier Mal geübt hat, ist schnell vertraut damit. Seitdem ich es kenne, war ich nie mehr verlegen, wenn mal jemand mit dem flotten Spruch daherkam: „Herr Kreggenfeld, Sie sind doch Rhetorik-Trainer, wollen Sie nicht ein paar Worte an uns richten?" „Na klar! Zu welchem Thema denn?" „Unternehmensführung" beispielsweise. Sie müssen sich nicht wirklich in der Materie auskennen, eine gesunde Allgemeinbildung und regelmäßige Zeitungslektüre reichen, um auch zu scheinbaren Fachthemen sinnhafte Beiträge zu formulieren. Die Tiefe der Inhalte ist in diesem Fall nicht das wirklich Entscheidende. Allein die Struktur, die sich durch den roten Faden ergibt, lässt den Eindruck entstehen, dass der da vorne schon weiß, was er sagt.

„Lassen Sie uns einmal schauen, wie sich die Theorien zum Thema ‚Führung' im Laufe der Zeit verändert haben. Dazu werfen wir zunächst einen Blick zurück in die 1940er-/50er-Jahre, schauen dann, wie dieses Phänomen aktuell beleuchtet wird und wagen schließlich eine Aussicht in die Zukunft. Wir gehen damit der Frage nach, welche Entwicklungen künftig möglich bzw. wünschenswert wären. Ich beginne mit dem Blick in die Historie ..."

5. Die Analogie

Der Trick bei Analogien besteht darin, etwas Neues durch etwas Bekanntes zu erklären. Schauen Sie sich dazu einmal folgendes Beispiel an:

„Die Auswahl eines Servers können Sie vergleichen mit der Auswahl einer Heizung bei sich zuhause: Stellen Sie sich vor, Sie sind Bauherr und wollen die Heizungsanlage planen. Da könnten Sie sagen: In unseren Breiten erleben wir im Winter Durchschnittstemperaturen von minus 2 Grad Celsius. Das bedeutet, ich brauche eine Heizung, die das Haus bei diesen Temperaturen warm hält. Könnte man meinen. Was aber unternehmen Sie, wenn in einem strengen Winter das Thermometer mal auf minus 12 oder auch minus 15 Grad fällt? Wenn Sie jetzt keine Leistungsreserven in Ihrer Heizung haben, stehen Ihnen ungemütliche Zeiten bevor, die Sie allenfalls durch teures Zuheizen oder nicht enden wollendes Kaminfeuer abmildern können. Deswegen wird niemand die Leistungsfähigkeit seiner Heizung an einer Durchschnittstemperatur ausrichten, sondern Leistungsreserven einplanen.

Das ist bei einem Server genau das Gleiche. Wenn Sie lediglich Ihre aktuelle Personalstärke und die heutige Software zu Grunde legen, würde ein kleinerer Server reichen. Wenn hingegen in naher Zukunft mehr Leute mit anderer und mehr Arbeitsspeicher verlangender Software auf den Zentralrechner zugreifen, erleben Sie einen Systemzusammenbruch öfter, als Ihnen das lieb ist. Deswegen macht es Sinn, ähnlich wie bei der Heizung, hinreichende Leistungsreserven einzuplanen und lieber ein Terabyte zu viel als zu wenig zu haben."

Das Problem mit der Heizung versteht jeder. Und auf der Basis wird auch für ausgesprochen IT-unaffine Menschen deutlich, wieso man bei der Leistungsfähigkeit eines Servers nicht geizen sollte.

Zudem beginnen wir bei Vergleichen häufig, Bilder zu produzieren. Das Kino im Kopf wird angeworfen. Mit den Bildern gehen Gefühle einher und schon steigt die Wahrscheinlichkeit, dass unsere Ausführungen in den Köpfen der Zuhörer hängen bleiben.

6. Die Nutzenargumentation

Produkte und Dienstleistungen haben Eigenschaften. Diese Eigenschaften wiederum stiften beim Kunden einen Nutzen. Ich kaufe zwar ein Cabriolet, im Grunde aber das Glücksgefühl, beim Fahren über Land nichts als blauen Himmel über mir zu haben. Ich kaufe zwar einen Fotodrucker, im Grunde aber die Freude, die Bilder ohne lange Wartezeit in Fotoqualität in den Händen zu halten.

Und genau darum geht es hier. Wir verlieren uns nicht in technischen oder organisatorischen Details – sondern stellen die Vorteile unserer Produkte und Dienstleistungen heraus.

Bei Ihrer Vorbereitung sind deswegen folgende Fragen relevant:
- Welche Eigenschaften hat Ihr Produkt oder Ihre Dienstleistung?
- Und vor allem: Welchen Nutzen bietet Ihr Produkt, Ihre Dienstleistung?
- Wie profitieren unterschiedliche Nutzer von Ihrer Leistung?
- Welche Werte und Einstellungen werden damit gefördert?

Nehmen wir als konkretes Beispiel Ihre Präsentation. Sie beginnt mit einem ungewöhnlichen und guten Anfang. Dieser ungewöhnliche und gute Anfang ist ein Merkmal, aber was ist der Nutzen? Der Nutzen ist, dass Sie Ihre Zuhörer überraschen, sogleich eine erhöhte Aufmerksamkeit erregen und somit den Boden bereitet haben, damit Ihre Botschaft ankommt und hängen bleibt.

„Lassen Sie mich die Vorteile eines ‚roten Fadens' dezidiert aufzeigen, und zwar für die Zuhörer, den Vortragenden und in Bezug auf das Thema.
- Die Zuhörer können sich voll auf die Inhalte und Ihre Gedankengänge konzentrieren und müssen ihre mentale Energie nicht dafür verwenden, um die Verknüpfungen zwischen Ihren Gedanken selbst herzustellen.
- Als Vortragender haben Sie für sich eine klare und einfache Struktur, die es Ihnen leichter macht, frei und ohne Manuskript zu sprechen – und die auch dafür sorgt, dass Sie sich nicht verzetteln.
- Die Kunst einer Präsentation besteht (fast) immer darin, Überflüssiges wegzulassen und sich auf das Wesentliche zu konzentrieren. Das macht der rote Faden überhaupt erst möglich und sorgt so dafür, dass sich auch anspruchsvolle Themen zielorientiert entfalten können."

In anderen Kontexten könnte eine Nutzengliederung wie folgt aussehen:
„Der Nutzen dieses Produktes wird besonders deutlich, wenn ich zwischen den Bereichen Einkauf, Verkauf, Produktion und Logistik differenziere:

- Nutzen für Ihre Mitarbeiter im Einkauf ...
- Nutzen für Ihre Mitarbeiter im Verkauf ...
- Nutzen für Ihre Mitarbeiter in der Produktion ...
- Nutzen für Ihre Mitarbeiter in der Logistik ...“

7. Pars pro Toto

Pars pro Toto heißt frei übersetzt so viel wie: Ein Teil steht für das Ganze. Eine hervorragende Sache, wenn es darum geht, standardisierte Prozessabläufe vorzustellen, die für viele Produkte gleich sind. Oder wenn Sie Aussagen zu Ihrem Qualitäts- oder Servicemanagement machen wollen, ist Pars pro Toto in aller Regel eine gute Wahl.

„Wir sind in der Lage, mehr als 250.000 verschiedene Buchtitel innerhalb von 24 Stunden an unsere Kunden auszuliefern. Um Ihnen zu demonstrieren, wie das funktionieren kann, greifen wir doch einmal einen Buchtitel heraus. Nehmen wir ,Direkt im Dialog‘ von Udo Kreggenfeld und stellen uns zudem einen Kunden vor, sagen wir, Max Mustermann aus Schwäbisch Hall. Lassen Sie uns jetzt schauen, welche Prozesse bei uns aktiviert werden, wenn die Bestellung von Herrn Mustermann bei uns eingeht: ...“

Oder auch: „Lassen Sie mich am Beispiel eines unserer Produkte etwas zu unserer Service-Philosophie berichten ...“

8. Ist-Soll-Wegdahin

In wirtschaftlichen Kontexten ist diese Form die vertrauteste. Schließlich entspricht sie dem in Literatur und Praxis bestens bekannten „Management-Regelkreis“. Ausgehend von einem definierten Ist-Zustand werden Ziele benannt, Maßnahmen geplant und deren Wirksamkeit überprüft, möglicherweise Korrekturen vorgenommen, neue Maßnahmen geplant und so weiter.

- „Zurzeit **(Ist-Zustand)** gehen die deutschen Arbeitnehmer durchschnittlich mit 62 Jahren in Rente. Der Großteil von ihnen aus gesundheitlichen Gründen. Sie können schlicht und einfach nicht mehr. ...
- In den kommenden fünf Jahren möchte die Bundesregierung das Renteneintrittsalter deutlich erhöhen **(Soll-Formulierung)**. Nach unseren aktuellen Annahmen kann das gelingen auf der Basis von gesundheitlicher Aufklärung und präventiven Maßnahmen zur Steigerung der körperlichen und geistigen Fitness ...
- Lassen Sie mich nun aufzeigen, welchen Weg wir gehen müssen und wie wir ganz konkret vorgehen können, um dieses ambitionierte Ziel zu erreichen **(Wegdahin)**.“

Variation: Beginnen Sie mit dem Zielzustand. Das ist bei schwierigen Ist-Zuständen häufig noch wirkungsvoller, weil jetzt zunächst das erwünschte (visionäre) Ziel in den Fokus rückt. Am eindrucksvollsten gezeigt hat das Martin Luther King in seiner Rede: „I have a dream.“

Wenn Sie etwas mehr Zeit zur Verfügung haben, können Sie jede der drei Etappen noch begründen, indem Sie sagen, warum Sie die aktuelle Situation, das Soll und auch den Weg dahin so sehen, wie Sie das dargestellt haben.

9. Die Viererkette

Die Antike, also die Hochzeit der Griechen und Römer ab ca. 400 vor bis ca. 300 n.Chr. gilt als die Mutter aller Rhetorik. Das verwundert nicht, hatte das gesprochene Wort damals doch eine höhere Bedeutung – schließlich mussten auf Versammlungen die Anwesenden eingenommen und überzeugt werden. Alle anderen modernen und für uns selbstverständlichen Medien fehlten. Aus dieser Zeit stammen eine Menge Argumentationsfiguren, die sich allesamt prima eignen, um Beiträge, Reden und Präsentationen zu gliedern.

Das klassische griechische Modell für Überzeugungsreden ist die Viererkette, bestehend aus:

1. **These:** Wer erfolgreich sein will, muss sich auf eine Sache konzentrieren,
2. **Begründung:** weil er nur so der Gefahr entgeht, sich nicht in zu vielen Aktivitäten zu verzetteln.
3. **Beispiel:** Schauen Sie sich einmal Leistungssportler an. Da ist eine Festlegung auf eine Sportart ganz selbstverständlich. Jemand wird als Radfahrer, Fußballspieler oder Stabhochspringer erfolgreich – aber nie in allen drei Sportarten gleichzeitig. Bei Nobelpreisträgern ist es genauso. Die konzentrieren sich auf ein Spezialgebiet, und darin meistens auf eine Frage. So kommen sie zu Ruhm und Ehre.
4. **Appell:** Also: Finden Sie heraus, auf welchen Bereich Sie sich konzentrieren wollen und fangen Sie dann an, erfolgreich zu werden.

Deutlich wird bei einer solchen klassischen Figur, dass sie sowohl zu Argumentationszwecken als auch zur Strukturierung von größeren Präsentationen und Vorträgen genutzt werden kann. Dazu reichern Sie die einzelnen Schritte einfach mit entsprechenden Argumenten oder Zusatzinformationen an.

10. Die Meinungsrede

Auch die Meinungsrede geht über ein reines Statement zu einem Thema hinaus. Mit ihr wollen Sie Ihre Zuhörer auf eine Situation aufmerksam machen, nach Verbesserungsmöglichkeiten fragen und zu einem bestimmten Verhalten auffordern.

Die Meinungsrede folgt der klassischen Fünf-Satz-Form:

1. Worum geht es und warum sprechen Sie dazu?
2. Was ist? Wie kam es dazu?
3. Was sollte sein?
4. Wie kann das erreicht werden?
5. Was können wir dafür tun?

Hier ein Beispiel:

1. „Ich möchte mit Ihnen gerne über das Thema E-Mail-Verkehr in unserer Firma reden, denn viele von Ihnen haben schon darüber geklagt, dass die Flut der Mails nicht mehr oder nur sehr schwer zu bewältigen ist.

2. Es ist heute nicht mehr ungewöhnlich, dass eine mittlere Führungskraft in unserer Branche 80 bis 120 Mails pro Tag erhält. In vielen dieser Mails ist man auf CC gesetzt, weil Mitarbeiter sich absichern wollen. Wenn mal etwas schiefgeht, können diese dann immer sagen: ‚Aber ich habe Sie ja informiert …‘ Nur, wenn Sie diese Mails alle lesen, kommen Sie nicht mehr zu Ihren eigentlichen Aufgaben.

3. Es sollte doch so sein, dass Sie pro Tag maximal eine Stunde zum Lesen Ihrer Mails brauchen und Ihre Leute nicht in Sorge sein müssen, dass man ihnen gleich den Kopf abreißt, wenn mal etwas schiefläuft.

4. Der Aufbau einer Vertrauenskultur kann hier Abhilfe schaffen. Berufen Sie also ein Meeting ein und machen Sie die Mail-Flut zum Thema. Sagen Sie, dass ab sofort alle CC-Mails auf Ihrem Rechner in einem speziellen Ordner abgelegt werden – und die Mitarbeiter ihre Entscheidungen selbstverantwortlich treffen sollen.

5. Jeder, der Sie auf CC setzt, sollte vorher 30 Sekunden darüber nachdenken, ob das wirklich nötig ist …“

Interessant: In dieser Form der Meinungsrede spiegelt sich das „Ist-Soll-Weg-dahin"-Schema wider – eingerahmt von der Motivation und dem Appell am Ende.

Bei dieser – und auch bei allen anderen Strukturen – gilt: Wenn Sie jeden einzelnen Punkt mit zwei Gründen untermauern, steht Ihre Argumentation auf sicheren Füßen. Für sich genommen sprechen wir dann vom Pyramidenprinzip.

11. Das Pyramidenprinzip

Beim Pyramidenprinzip wird jeder Leitgedanke oder jede These von mindestens zwei Argumenten gestützt. Bei Bedarf wird jedes aufgeführte Argument erneut durch zwei Gründe untermauert. Bildlich gesprochen entsteht damit eine Pyramide, weil jeder „Stein" auf einem Fundament von zwei weiteren „Steinen" ruht.

Somit können Sie das Pyramidenprinzip sowohl als „Absicherungssystem" für alle anderen roten Fäden und Argumentationsstrukturen als auch als eigene Gliederungsstruktur nutzen.

Lassen Sie uns dazu ein Beispiel konstruieren. Zu untermauernder Leitgedanke: Als Trainer und Dozent sollten Sie Ihre Präsentorik laufend verbessern! Warum?

● **Argument 1:** Weil der Transport und die Vermittlung von Inhalten ein gewichtiger Teilbereich Ihres Tagesgeschäftes ist.

▶ Untermauerung a: Alle Inhalte, die sich die Teilnehmer nicht selbst erarbeiten, werden durch Sie transportiert.

- ▸ Untermauerung b: Es kann jederzeit vorkommen, dass Sie spontan komplexe Zusammenhänge erläutern müssen. Je besser Sie dann reden und präsentieren, desto weniger brauchen Sie anschließend zu erklären und zu diskutieren. Außerdem macht es mehr Spaß, wenn man gut ankommt.
- **Argument 2:** Weil eine hohe Präsentations- und Vortragskompetenz für Ihren beruflichen Erfolg ausschlaggebend ist.
  - ▸ Untermauerung a: Ihre Teilnehmer bewerten Sie nach der Veranstaltung.
  - ▸ Untermauerung b: Und nur bei guten Feedbacks winken Folgeaufträge.

Melden Sie sich deswegen zu einem Präsentorikseminar an!
Dort bekommen Sie eine persönliche Rückmeldung.
Sie erhalten einen Eindruck, wie gut Ihre Kollegen sind.

Sie können den Leitgedanken auch durch W-Ketten untermauern, indem Sie konsequent die folgenden Fragen beantworten: Was? Warum? Wie?

Bezogen auf unseren Leitgedanken könnte das so aussehen:
„Als Trainer und Dozent sollten Sie Ihre Präsentorik laufend verbessern."
- **Was** überhaupt ist Präsentorik? Präsentorik ist die Synthese aus zielgerichtetem Medieneinsatz und überzeugender sprecherischer Performance.
- **Warum** ist das wichtig? Sie erleichtern es Ihren Teilnehmern damit, auch schwierige und komplexe Zusammenhänge aufzunehmen und zu verinnerlichen, und tun damit auch etwas für Ihr Image als kundenorientierter Trainer und Dozent.
- **Wie** kann ich konkret vorgehen? Arbeiten Sie zunächst dieses Buch durch und melden Sie sich anschließend zu einem Präsenzseminar an.

In manchen Firmen gibt es feste Vorgaben, wie Präsentationen aufgebaut sein sollen. Das macht durchaus Sinn. Steigt damit doch die Wahrscheinlichkeit, dass sich die Vortragenden nicht verzetteln. Zudem wissen die Zuhörer, was auf sie zukommt und können sich darauf einstellen. Der Nachteil: Wenn alle immer dasselbe vorführen, kann es ein wenig eintönig werden und die Aufmerksamkeitsschwelle zur Aufnahme von Informationen steigt enorm an. Mit den hier vorgestellten Gliederungsmodellen haben Sie die Chance, Farbe in den Präsentationsalltag zu bringen – ohne dafür mit fehlender Stringenz zu zahlen.

4.3 Schluss: Bleiben Sie in Erinnerung

Aus der Rhetorik wissen wir: Die ersten Sekunden entscheiden darüber, ob Ihnen zugehört wird – und die letzten Sekunden entscheiden darüber, ob und was die Leute mitnehmen. Ob wir dem jetzt hundertprozentig zustimmen oder nicht, sei einmal dahingestellt. Unbestritten ist, dass den ersten und den letzten Minuten einer Präsentation bzw. eines Vortrags besondere Bedeutung zukommt.

Möglichkeiten, gleich zu Anfang positiv aufzufallen, haben wir uns zuvor (siehe Kap. 4.1.1) bereits angeschaut. Lassen Sie uns jetzt sehen, was Sie am Ende Ihres Beitrags unternehmen können, um diesen guten Eindruck zu bestätigen. Die folgenden vier Schritte haben sich dazu bestens bewährt:

4.3.1 Zusammenfassung: Auf den Punkt gebracht

Mit einer kurzen Zusammenfassung bringen Sie am Ende Ihre Ausführungen noch einmal auf den Punkt. Dazu eignen sich die folgenden Formulierungen:

- „Wenn wir die Hauptpunkte aus meinem Vortrag noch einmal Revue passieren lassen, ergibt sich folgendes Bild: ...“
- „Zusammenfassend lässt sich in meinen Augen sagen, dass ...“
- „Ich fasse noch einmal zusammen: ...“

Überlassen Sie diese „Arbeit“ nicht Ihren Zuhörern. Übernehmen Sie an dieser Stelle noch einmal die Deutungshoheit über Ihre Ausführungen.

Auf Ihre Zuhörer wirken Worte wie „Ich fasse noch einmal zusammen ...“ zudem motivierend. Sie kennzeichnen den Beginn des Endes und das sorgt in aller Regel für eine erhöhte Aufmerksamkeit.

4.3.2 Überzeugend: Ihre Meinung ist gefragt!

Manchmal eröffnet ein Redebeitrag eine Diskussion. Je nach Thema und Ziel ist es vorteilhaft, wenn der Vortragende sich (zunächst) mit einem eigenen Urteil zurückhält.

In allen anderen Situationen hingegen sollten Sie spätestens im Anschluss an Ihre Hauptausführungen klar Stellung nehmen und sagen, wie Sie die Sache sehen.

- „Aus meiner Sicht sind die Vorteile des Verfahrens damit deutlich geworden ...“
- „Wenn ich einmal versuche, möglichst objektiv auf das Thema zu schauen, sieht es für mich so aus, dass ...“
- „Ich bin der Meinung, dass ...“

4.3.3 Anknüpfen: Das Ende gehört zum Anfang

Gelingt es, das **Thema bzw. den Impuls von der Eröffnung wieder aufzunehmen,** schließt sich ein Kreis. Das kann geradezu magisch auf die Zuhörer wirken, weil damit der Spannungsbogen erhalten bleibt.

Erinnern Sie sich an unsere ungewöhnlichen Eröffnungen (Kap. 4.1.1)? So könnten Sie die Fäden wieder aufnehmen:

- **Bild, Cartoon** (hier: Soldat in Kampfausrüstung)

„Vertrauensbildende Maßnahmen lohnen sich, das steht für mich außer Frage. Das Schöne daran: Wir brauchen dann nicht mehr so aufeinander zuzugehen (Verweis auf das Bild) – sondern können das sehr viel partnerschaftlicher tun." Fügen Sie in Ihrer Präsentation ein dazu passendes Bild ein. Vielleicht von zwei Menschen, die sich die Hand reichen.

- **Film- und Tonanimationen, YouTube & Co.**
  „Bitte denken Sie jetzt noch einmal an den ‚Media-Markt-Leipzig-Spot', den wir uns zu Beginn meiner Präsentation angesehen haben. Mein Versprechen lautet: Durch die Fragetechniken, die Sie in den letzten 15 Minuten kennen gelernt haben, stellen Sie ähnliche Kunden in der Hälfte der Zeit zufrieden – ohne solche Verbalausfälle über sich ergehen lassen zu müssen."

- **Gegenstand** (hier: Decision-Maker)
  „Nachdem wir uns jetzt sowohl mit Entscheidungskriterien als auch mit Entscheidungsverfahren vertraut gemacht haben, können wir den Decision-Maker vom Anfang meines Beitrags guten Gewissens in der untersten Schreibtischschublade verschwinden lassen. Denn: Wir haben den Zufall durch plan- und verantwortungsvolles Handeln ersetzt."

- **Zahlenakrobatik**
  „Erinnern Sie sich an meine einleitenden Worte zum Thema Mittagsschlaf. Wie wir gesehen haben, lassen wir uns bei der Einschätzung sehr schnell von unseren Vorurteilen leiten. Von dieser Seite aus betrachtet kommen wir bei einer weiteren Internationalisierung unseres Unternehmens um eine zuständige Stelle für kulturelle Fragen nicht herum."

- **News aus Radio, Fernsehen und Zeitung** (hier Zeitungsmeldung)
  „Meine Damen und Herren, lassen Sie uns gemeinsam daran arbeiten, dass die Zeitungsmeldung im Jahre 2013, von der wir eingangs geredet haben, nicht nur eine Utopie bleibt, sondern wahr wird."

- **Eine Anekdote** (hier: Geschichte über Pause als Deeskalationsmethode)
  „Ich hatte mit der Geschichte von der Fusion zweier Zeitarbeitsfirmen begonnen. Dabei hatte eine Pause eine kritische Situation entschärft. Eines ist sicher: Wenn Sie die Punkte zum Thema Eskalationsprophylaxe beachten, die ich Ihnen in meinem Vortrag vorgestellt habe, können Sie Ihre Veranstaltungspausen nutzen, um sich entspannt mit Ihren Mitarbeitern und Kunden zu unterhalten. Sie werden sich nicht mehr den Kopf zerbrechen, welche Kuh Sie wohl als Nächstes vom Eis holen müssen."

- **Eine provozierende Behauptung**
  „Ich hatte zu Anfang gesagt, dass wir – wenn wir nichts unternehmen – vom Marktführer zum Primus im Hinterherlaufen werden. Mit den eben vorgeschlagenen Maßnahmen können wir nicht nur Marktführer mit unseren Produkten 1,2 und 3 bleiben, sondern haben beste Chancen, auch im Bereich Service und Kundentreue aufs Podest zu kommen ..."

- **Ein Versprechen machen**
  „Ich hatte Ihnen zu Beginn das Versprechen gegeben, dass Sie nach meinem Vortrag nie mehr in Verlegenheit kommen, Ihr Handeln mit guten Gründen zu untermau-

ern – und denke, dass ich dieses Versprechen mit dem Argumente-Generator BEB/TEG-Modell eingehalten habe."

- **Ein Blick in die Historie oder Zukunft**

„Ich hatte diesen Vortrag eröffnet mit der Geschichte des Fuhrunternehmens, an das sich trotz seiner vielen goldenen Jahre kein Mensch mehr erinnert. Schließen möchte ich mit einem Blick in Zukunft: Unsere Firma wird nicht vergessen werden – sondern als Paradebeispiel dafür stehen, wie Trends erkannt und in marktfähige Produkte transformiert werden können."

4.3.4 Aktion: Jetzt sind Ihre Teilnehmer am Zug!

Als Trainer und Dozent werden Sie sich häufig am Ende Ihrer Präsentation nach offenen Fragen erkundigen – und anschließend in eine Phase überleiten, in der sich Ihre Teilnehmer aktiv mit den Inhalten auseinandersetzen. In den didaktischen Tipps zum wirksamen Trainieren hatten wir auf die Vorteile dieses Vorgehens hingewiesen.

Zunächst bieten sich also Fragen wie diese an:
- Welche offenen Fragen stehen noch im Raum?
- Was beschäftigt Sie im Nachgang meiner Präsentation am stärksten?
- Was geht Ihnen zu der Kernthese durch den Kopf?
- Welchen Aspekten in meinem Vortrag stimmen Sie zu, welchen eher nicht?

Zur aktiven Auseinandersetzung könnten Sie dann wie folgt überleiten:
- „Bitte finden Sie sich jetzt in Dreiergruppen zusammen und diskutieren Sie die Vor- und Nachteile der von mir vorgestellten Methode – und stellen Sie die Ergebnisse anschließend im Plenum vor."
- „Bitte identifizieren Sie doch jetzt einmal drei Situationen in Ihrem Alltag, in denen Sie das Einerseits-Andererseits-Muster gut nutzen könnten."
- „Bitte gehen Sie jetzt einmal auf die Suche nach Verbesserungen. Wo sehen Sie Möglichkeiten, Bearbeitungsschritte zu optimieren oder gar wegfallen zu lassen, damit wir am Ende bei zehn statt bisher 14 Prozessschritten landen?"
- „Bitte vergleichen Sie die vorgestellten theoretischen Ansätze: Wo sehen Sie Gemeinsamkeiten, wo Unterschiede – und welcher Ansatz unterstützt Sie bei der Lösung Ihrer Semesteraufgabe am besten?"
- „Bitte gehen Sie einmal bewusst in die Rolle des ‚Advocatus Diaboli'. Werden Sie also zu ‚Anwälten des Teufels', die ganz bewusst Argumente finden, warum der hier vorgestellte Ansatz in der Praxis nicht funktionieren kann."
- „Welche Konsequenzen hat das soeben Gehörte auf Ihre persönliche Vorbereitung von Mitarbeitergesprächen?"
- „Bitte überlegen Sie einmal, was wir unternehmen müssten, um Ihr Unternehmen in den sicheren Ruin zu treiben, damit sich die in der Präsentation beschriebenen positiven Ansätze unter keinen Umständen realisieren."

Oder Sie leiten zu sehr praktischen Übungen weiter:

- „Lassen Sie uns doch einmal schauen, ob und wie uns die vorgestellten Inhalte in einer Alltagssituation weiterhelfen – und dazu ein Rollenspiel machen."
- „Lassen Sie uns dazu einmal eine ganz praktische Übung machen – die Dominikanerübung."

Wenn Sie hingegen öffentliche Vorträge halten und zum Beispiel auch auf Messen und Kongressen reden oder in einer internen Veranstaltung um Unterstützung werben, schließen Sie anders.

Ihre Zuhörer haben Ihnen fünf, zehn, 20 Minuten oder auch länger zugehört. Was soll jetzt anders sein, nachdem sie diese Zeit und Sie diese Energie investiert haben? Was genau sollen Ihre Zuhörer jetzt tun oder denken? Sagen Sie es Ihrem Publikum möglichst direkt, was Sie jetzt von ihm erwarten. Keiner sollte das Meeting oder die Konferenz verlassen und denken: „War ja ein interessanter Vortrag – aber was mache ich jetzt damit?"

- „Meine Bitte lautet ganz konkret: Fällen Sie Ihre endgültige Entscheidung erst nach dem Stresstest!"
- „Ich fordere Sie auf: Schließen Sie sich meiner Argumentation an. Stimmen Sie für Lösung A, damit wir mit einem starken Votum nach Hamburg fahren können."
- „Ich bin felsenfest davon überzeugt: Zusammen können wir dieses Ziel erreichen. Bitte leisten Sie Ihren Beitrag dazu, indem Sie Folgendes tun: 1, 2, 3 ..."

Das Wichtigste in Kürze

- Ein anregender Anfang steht am Beginn jeder gelungenen Präsentation. Dazu gehört eine auf Ihr Publikum zugeschnittene persönliche Vorstellung ebenso wie die Klärung, was Sie mit Ihrem Beitrag erreichen wollen, was Sie motiviert und wie Sie vorgehen werden.
- Bei mehrtägigen Seminaren werden Sie oft direkt ins Thema einsteigen. Bei den Präsentationen, die für Ihre Zielsetzung besonders wichtig sind, berücksichtigen Sie jedoch alle Punkte für eine gelungene Einleitung.
- Sie entwickeln einen „roten Faden" als Orientierungshilfe und behalten diesen durchgehend in der Hand.
- Ihre Rede folgt einer klaren Struktur. Sie greifen sich aus dem Baukasten des Masterplans genau die Elemente heraus, die in ihrem Muster Ihr Thema am besten veranschaulichen.
- Sie wissen, dass der Schluss genauso wichtig ist wie der Anfang. Deswegen plätschert Ihr Vortrag nicht einfach so aus, sondern wird dramaturgisch bis in die letzten Minuten gestaltet. So bleiben Sie, auch bei einer größeren Anzahl von Rednern, in Erinnerung.

Checkliste zum Masterplan/zur Vorbereitung

Einleitung:

- Eröffnen
  - → Bild, Cartoon
  - → Film- und Tonanimationen
  - → Gegenstand
  - → Zahlenakrobatik
  - → News aus Radio, TV, Zeitung
  - → Anekdote
  - → provozierende Behauptung
  - → Versprechen machen
  - → Blick in Historie / Zukunft
  - → …

- Überleiten ins Thema
- Persönliche Vorstellung
- Ziel; auch: einordnen in den Gesamtzusammenhang; Funktion der Präsentation
- Motivation: Ihr Draht zum Thema
- Angaben über: Aufbau, Dauer, Fragen-Möglichkeiten, Unterlagen, Pausen

Hauptteil:

- Den roten Faden sichern über:
  - → Zeitlicher oder organisatorischer Verlauf
  - → Dreier-Struktur
  - → Pro-Contra-Schema
  - → Gestern-Heute-Morgen-Modell
  - → Analogie
  - → Nutzenargumentation
  - → Pars pro Toto
  - → Ist-Soll-Wegdahin
  - → Vierer-Kette
  - → Meinungsrede
  - → Pyramidenprinzip

Schließen:

- Zusammenfassen
- Ihre Meinung
- Den Kreis schließen (Anknüpfen an die Eröffnung)
- Appell, Aufforderung, so geht es weiter …

Anmerkungen:

Diese Abfolge ist natürlich nicht bindend, Eröffnungen können auch als Verlebendiger genutzt werden, persönliche Vorstellung natürlich nur bei der ersten Präsentation, auch die Schlusspunkte können anders kombiniert werden.

5 Medien und Medienmix

Darum geht es:

Um die fachlichen Inhalte Ihres Seminars oder Trainings verständlich und ansprechend darzustellen, steht Ihnen eine Vielfalt an Medien zur Verfügung. Wenn Sie diese zielgerichtet einsetzen und gekonnt miteinander mixen, wecken Sie das Interesse Ihrer Teilnehmer, erhöhen die Aufnahmebereitschaft und erleichtern das bessere Verständnis auch bei komplizierten, detailreichen Themen.

Das ist Ihr Nutzen:

- Sie haben einen Überblick über die unterschiedlichen Medien, die für Präsentationen zur Verfügung stehen, und lernen deren Vor- und Nachteile kennen.
- Sie setzen das Medium ein, das am besten geeignet ist, die Wirkung zu erzielen, die Sie beabsichtigen.
- Sie kennen die Gefahr, eine ganze Präsentation oder einzelne Folien/Charts mit Informationen zu überfrachten und nutzen deswegen eine Methode, die dem vorbeugt.
- Sie beherzigen die Tipps zur Mediengestaltung. Dadurch sind Ihre Folien/Charts für Ihre Teilnehmer übersichtlich und gut lesbar.

Das wichtigste Medium in einer Präsentation sind Sie.

Wie lebendig und abwechslungsreich Ihre Präsentation, Ihr Seminar, Ihre Rhetorik wirken, hängt sehr stark von Ihnen persönlich ab. Verstehen Sie sich selbst als Präsentationsmedium, haben Sie durch Ihren stimmlichen und körpersprachlichen Ausdruck vielfältige Möglichkeiten, um Ihre Zuhörer bei der Stange zu halten.

Präsentierende, die mal laut und dann leise, mal schnell und dann langsam sprechen sowie die Stimme modulierend in höheren und in tieferen Lautebenen einsetzen, kommen gut an. Man hört ihnen gern zu, es gibt Überraschungen, es wird nicht langweilig. Wer sich außerdem stimmig zu den gesprochenen Inhalten bewegt, seine Körpersprache beispielsweise zur Gliederung der Inhalte nutzt, erreicht damit, dass etwas passiert im Raum. Wer hingegen die ganze Zeit wie zur Salzsäule erstarrt dasteht, braucht sich nicht zu wundern, wenn hier und da ein Gähnen auftaucht.

Darüber hinaus stehen Ihnen weitere Medien zur Verfügung, um Informationen und Inhalte lebhaft und anschaulich zu transportieren und zu visualisieren: Whiteboards, Flipcharts, Pinnwände, Overheadprojektoren und Beamer (meistens für PowerPoint- gestützte bzw. -dominierte Präsentationen, auch für Filme, Spots und Animationen) sowie Gegenstände, Musterbeispiele und Prototypen.

Permanente und flüchtige Medien

Wir können diese Medien unterteilen in permanente und flüchtige Medien.

- Permanent bedeutet hier: Das Medium bzw. das, was Sie darauf gestaltet haben, ist dauerhaft sichtbar, physisch im Raum. Es kann nicht einfach weggewischt, weitergeblättert oder durch einen Tastenklick verdunkelt werden.

    Flipcharts, Pinnwände, Gegenstände und Prototypen gehören zu den permanenten Medien. Sie lassen sich gut als Raumteiler einsetzen, ermöglichen Vernissagen und sind flexibel in ihrer Anordnung.

- Whiteboards, Overheadprojektoren und Beamer dagegen zählen zu den flüchtigen Medien.

Welche Art von Medium geeignet ist, kommt auf die Wirkung an, die Sie beabsichtigen. Wenn Sie z.B. möchten, dass das im letzten Quartal erwirtschaftete Defizit in Höhe von 12,34 Mio. zur Mahnung die ganze Präsentation über sichtbar bleibt, macht es keinen Sinn, diese Zahl auf einem von vielen PowerPoint-Slides vorzustellen, das nach wenigen Sekunden oder Minuten von einem anderen Slide abgelöst wird. Zielführend ist es da, die 12,34 Mio. auf ein Flipchart zu schreiben und dieses dauerhaft – permanent eben – gut sichtbar an prominenter Stelle aufzuhängen.

5.1 Medien fertig gestalten oder „live" entstehen lassen?

Mit und auf diesen Medien können jetzt „fix und fertige" oder auch teilweise fertige Gestaltungen präsentiert werden. Das Balkendiagramm über die Entwicklung der Umsätze im EMEA-Raum in den letzten drei Jahren wäre ein Beispiel für eine fix und fertige Gestaltung.

Ein vorbereitetes Chart mit den strategischen Eckpunkten für das Gesamtunternehmen, an denen nicht gerüttelt werden kann, das gleichzeitig aber Raum lässt für strategische Entwicklungen in Einzelbereichen, ist ein Beispiel für eine teilweise vorbereitete Gestaltung.

Ein vorbereitetes Chart, auf dem alle Einheiten Ihres Unternehmens eingezeichnet sind, die direkten Kundenkontakt haben, das aber Raum lässt, um aufzuzeigen, wer was mit den Kunden bespricht, wäre ein weiteres Beispiel für eine teilweise vorbereitete Gestaltung.

Entscheiden Sie sich für eine Live-Gestaltung, visualisieren Sie vor den Augen Ihrer Zuhörer auf einem „leeren" Medium. So könnten Sie Entscheidungsbäume am Flipchart entstehen lassen, Schnittmengen in den Interessen verschiedener Bereiche aufzeigen oder einen Baum samt Wurzeln zeichnen, um die Wichtigkeit eines in der Region verankerten Unternehmens zu demonstrieren.

Der Vorteil bei der Live-Gestaltung: Jeder ist dabei, wenn eine Skizze, ein Bild o.Ä. entsteht. Der aktuelle Arbeitsprozess wird sinnlich erlebt. Für alle wird deutlich: Der oder die arbeitet nicht nach Schablone, sondern ist in der Lage, jetzt, in diesem Moment Zusammenhänge erhellend darzustellen. Dann sagt das Bild mehr als tausend Worte. Das kann ungeheuer souverän wirken, wenn es gelingt – und die Visualisierung hinterher nicht wie eine Schmiererei aussieht. Sonst müssen Sie zu dem Bild mehr als tausend Worte sagen – und der Schuss geht nach hinten los.

Deswegen ist es zweckmäßig, solche Visualisierungen im Vorfeld zu üben und sich die vier Tricks anzueignen, die ausreichen, um hierbei zu überzeugen. Sie lernen Sie in Kapitel 5.3 zur Mediengestaltung kennen.

Der Vorteil einer komplett oder teilweise vorbereiteten Gestaltung liegt darin, dass Sie die Möglichkeit haben, Ihr Medium in aller Ruhe grafisch ansprechend vorzubereiten – und auf diesem Wege zu „punkten".

5.2 Die Vor- und Nachteile der einzelnen Medien

Die Vor- und Nachteile der einzelnen Medien hat Prof. Jörg Wendorff in seinem „Lehrbuch" herausgearbeitet (Wendorff, 2009).

Medium	Vorteil	Nachteil
Kreidetafel	Bietet in der Regel eine riesige Anschreibfläche von sechs und mehr Quadratmetern und ermöglicht es so, komplexe „Anschriebe" vorzunehmen.	Verlangt eine sehr gute Schrift; die Dokumentation ist wg. Kontrastarmut oft schwierig, kann leicht ein wenig „altbacken" wirken.
Whiteboard	Fehler sind leicht korrigierbar.	Eine ordentliche Gestaltung gelingt auch wegen des leichten Abrutschens der Stifte nur geübten Nutzern.
Digitale Whiteboards	Verknüpfung mit dem PC möglich; über vom PC angelegte Bilder lassen sich handschriftliche Ergänzungen, Anmerkungen u.Ä. legen. „Whiteboard-Bilder" können gespeichert und dokumentiert werden.	Sehr kosten- und zu Beginn auch schulungsintensiv.

OHP	Folien sind leicht archivier- und wiederverwendbar, das Gerät ist auf Knopfdruck einsatzbereit – und auch für technische Laien leicht beherrschbar.	Seit dem breiten Einsatz von computergestützten Präsentationen haftet dem OHP ein altmodischer Touch an.
Beamer/PP	Mit Beamer und PC lassen sich auf den ersten Blick professionell anmutende Präsentationen erstellen, die auch leicht modifiziert werden können. Projektionen sind auch vor sehr vielen Zuschauern möglich – und besonders dann nötig, wenn Zahlen, Daten, Fakten in große Gruppen getragen werden müssen.	Die Präsentierenden geraten in den Hintergrund, perfekte multimediale Präsentationen bringen die Zuhörer in die Konsumentenhaltung.
Flipchart	Gut vorbereitete Charts steigern die sinnliche Erlebbarkeit der Präsentation und färben sehr positiv auf den Präsentierenden ab; häufige Wiederverwendung möglich.	Korrekturen sehen leicht unordentlich aus, Einsatz aufgrund der Schriftgröße in größeren Runden schwierig, ohne gute Stifte und gute Schrift kein gutes Chart.
Pinnwand	Siehe Flipchart, plus: Große, zweiseitige Visualisierungsfläche, durch die Möglichkeit Karten u.Ä. anzubringen, für prozesshaftes Entwickeln einer Präsentation sehr geeignet.	In kleineren Besprechungsräumen sehr sperrig.
Gegenstände, Prototypen etc.	Produkte und auch Ideen werden haptisch erlebbar, Aktivierung der Zuhörer durch Anfassen und Weitergeben, kann als Give-away verwendet werden.	Lenkt die Aufmerksamkeit vom Präsentierenden ab.

Wann ist nun welches Medium das richtige?

Jedes Medium hat seine Vorteile und kann im richtigen Kontext ein guter Transporteur für Ihre Inhalte sein. Als grundsätzliche Faustregel gilt:

Je persönlichkeitsorientierter das Thema, desto individueller kann das Medium sein und umso weniger Distanz sollte es zwischen Trainer und Teilnehmer aufbauen.

Nehmen Sie als Beispiel ein Training zum Thema „Das Innere Team" (ein Konzept, um die Pluralität des menschlichen Innenlebens zu veranschaulichen und zu bearbeiten). Ein Beamer würde in der Präsentation eine viel zu große Distanz schaffen, wenn Sie damit zu Anschauungszwecken ein Inneres Team darstellen. Da ist ein Flipchart das Medium der Wahl; Sie können es verschieben, näher heranholen oder weiter wegstellen und darauf persönlich anmutende Zeichnungen erstellen. Sprechen Sie dagegen auf einem Verkaufsleiter-Kongress vor mehreren hundert Teilnehmern, haben Sie mit PowerPoint und Beamer oder Overheadprojektor die Chance, dass Ihre Folien auch für die Teilnehmer in den hinteren Reihen leicht lesbar sind.

Doch unabhängig davon, für welches Medium Sie sich entscheiden, gibt es eine Reihe von Tipps und bewährten Empfehlungen, die Sie am Ende dieses Kapitels kennen lernen. Lassen Sie uns im Folgenden zunächst die Anwendungs- und Einsatzmöglichkeiten sowie Empfehlungen zu den einzelnen Medien betrachten:

Tafel

Die zumeist grüne Kreidetafel findet sich fast ausschließlich in öffentlichen Bildungsinstitutionen wie Schulen und Universitäten. Ihr Hauptvorteil liegt meines Erachtens in der zumeist riesigen Fläche und der Umweltverträglichkeit – außer Kreide brauchen Sie nichts. Komplexe Prozesse, Verlaufsdiagramme u.Ä. lassen sich auf Tafeln gut darstellen. Und wer die Tipps zur Mediengestaltung berücksichtigt, produziert auch hier passable Ergebnisse. Im Ganzen gesehen wird dieses Medium aber wohl bald der Vergangenheit angehören.

Whiteboard

Historisch gesehen kam das Whiteboard nach der Kreidetafel. Unbeschriftet sieht es sehr schick aus, mit einer guten Schrift können schöne Visualisierungen gelingen. Und falls etwas mal nicht so gut geklappt hat, ist es schnell wieder weggewischt. Mittlerweile erlebe ich es als Lehrmedium eher selten, häufiger dagegen wird es als Planungstool genutzt. Beispielsweise Schicht- und Einsatzpläne lassen sich gut darauf abbilden, Änderungen sind schnell vorgenommen, alle, die daran vorbeikommen, können sich schnell einen Überblick verschaffen.

Empfehlungen

Nutzen Sie das Whiteboard oder die Tafel nicht, achten Sie darauf, dass Ihre Teilnehmer nicht durch Texte, Skizzen und andere Visualisierungen Ihrer Vorgänger abgelenkt werden.

Digitales/Interaktives Whiteboard

Das digitale Whiteboard (auch interaktives Whiteboard oder Smartboard genannt) ist die moderne Kombination der „alten grünen Schultafel" mit heutiger IT-Technologie. Auf die elektronische Projektionswand, die mit einem Beamer und einem Computer verbunden ist, lassen sich Bilder, Texte, Grafiken, Animationen und Filme projizieren. So werden alle Inhalte, die auf dem PC zu sehen sind, für alle wie auf einer Leinwand oder einem Monitor sichtbar. Darüber hinaus lässt sich auf dem interaktiven Whiteboard schreiben. Je nach Modell mit einem Stift oder dem bloßen Finger. Auch jedes vom Computer angezeigte Bild kann beschriftet werden. So können Sie jederzeit während des Seminars persönliche Anmerkungen oder Beiträge Ihrer Teilnehmer handschriftlich vermerken.

Flipchart

Flipcharts heißen die großen weißen Papierblätter im Format 68 mal 98 cm, die an fest montierten, fest stehenden oder beweglichen Ständern aufgehängt werden.

Ihren Namen verdanken sie der Tatsache, dass meistens mehrere von ihnen gezeigt werden. Man gelangt von einem Chart zum nächsten, indem man einfach umblättert oder indem man einzelne Blätter abnimmt und dauerhaft sichtbar positioniert. So können ganze Prozesse anschaulich abgebildet werden.

Flipcharts eignen sich sehr gut für Präsentationen in kleinerer Runde. Seit vielen Jahren sind sie das Medium in interaktiven Seminaren und Workshops, also überall dort gut einzusetzen, wo Teilnehmerbeiträge oder auch Arbeitsergebnisse festgehalten werden müssen.

In Präsentationen haftet ihnen der Charme des Individuellen an, womit Sie per se punkten können. Immer vorausgesetzt, Sie beherrschen die Tipps zur Mediengestaltung, die ich Ihnen an späterer Stelle noch vorstelle.

Empfehlungen

Einsatz in Gruppen von zehn bis 15 Teilnehmern optimal, bei Gruppengrößen über 25 bis 30 schwierig, weil nur noch bedingt lesbar.

Pinnwand

Die Pinnwand, eine „Wand" aus hartem Schaumstoff, die meistens mit braunem und immer mehr auch weißem Papier bespannt wird, ist in der Moderation zuhause. Sie ist mit 118 mal 144 cm deutlich größer als das Flipchart und originär zum Anpinnen von Informationen gedacht. Wenn Teilnehmer Arbeitsergebnisse vorstellen oder wenn Informationen gesammelt, Vorkenntnisse erfragt werden, ist sie das Medium der Wahl: Die Präsentation kann auf Moderationskarten vorbereitet und dann peu à peu entwickelt werden.

Übrigens: Pinnwände eignen sich auch für „Vernissagen", eine Sonderform der Präsentation. Dazu erstellen Sie selbsterklärende Papiere und pinnen diese an die Pinnwände. Ihre Teilnehmer bekommen den Arbeitsauftrag, sich wie auf einer Vernissage in kleinen Lerngruppen (am besten zu zweit) von Pinnwand zu Pinnwand zu bewegen, sich über die Inhalte auszutauschen und Gesprächsbedarf z.B. durch das Anpinnen von kleinen Fragezeichen zu signalisieren. Wenn alle Teilnehmer alle Pinnwände abgeschritten haben, klären Sie abschließend die Fragezeichen und leiten zum nächsten Arbeitsschritt über.

Empfehlungen

Beim Nutzen von Moderationskarten ist ein sparsamer Umgang mit Formen und Farben angeraten. Ich persönlich beschränke mich auf zwei Formen und zwei, maximal drei Farben. Alles andere sieht sonst schnell wie auf einem Kindergeburtstag aus: Sehr bunt zwar – aber die Inhalte gehen im Formen- und Farbenchaos unter. Verdichten Sie zusammenhängende Informationen in zusammenhängenden Blöcken. Achten Sie auf ausreichenden Platz zwischen den verschiedenen Blöcken.

Falls Sie in Ihrer Präsentation Grafiken und Schaubilder entwickeln wollen, zeichnen Sie sie mit einem dünnen Bleistift auf dem Pinnwandpapier vor. Ihre Teilnehmer können das Vorgeschriebene nicht sehen – und Sie machen eine gute Figur.

Overheadprojektor (OHP)

Bis zum Aufkommen des Beamers war der Overheadprojektor das Standardmedium in Präsentationen. In Universitäten, Weiterbildungszentren und auch in vielen Organisationen bzw. Unternehmen steht er auch heute noch in allen Präsentationsräumen.

Aufgrund seiner überschaubaren Technik ist er punktuell und situativ einsetzbar; sein größter Vorteil liegt in der Größe der Projektionen, die mit ihm möglich sind. Allerdings haftet ihm ein etwas altertümliches Image an. Und doch hat Schulz von Thun erst 2010 gezeigt, wie man Superpräsentationen auch mit diesem Medium halten kann. Man kann Themen prozesshaft entwickeln, mit Ab- und Aufdeckungen arbeiten etc.

Einsetzbar sowohl in kleiner Runde als auch vor einem mehr als hundertköpfigen Publikum.

Übrigens: Auch für spektakuläre Effekte ist der OHP geeignet. So schreibt Bernd Weidemann, dass er zum Symbolisieren von Stress und dessen Auswirkungen einmal eine Fliege unter einem leeren Wasserglas auf eincn OHP gestellt hat. Der Schatten der Fliege ist dann überproportional auf der Projektionswand zu erkennen. Sie verhält sich abwechselnd hektisch und lethargisch – bis nach wenigen Minuten die Pausen immer länger werden. So mancher erkennt sich darin wieder ...

Empfehlungen

Gestalten Sie Ihre Folien im Querformat; so können Sie sicher sein, dass bei einem größeren Publikum die Zuhörer in den hinteren Reihen alles sehen.

Wenn Sie einen Stift auf die Stelle der Folie zeigen lassen, über die Sie gerade sprechen, erleichtern Sie den Zuhörern die Orientierung.

Beamer

Ein Beamer – oder Daten- bzw. Videoprojektor – steht oder hängt heute überall dort, wo wir präsentieren. Und falls nicht, gibt es leistungsstarke mobile und erschwingliche Geräte, die sich leicht überallhin mitnehmen lassen.

In Zusammenarbeit meistens mit PowerPoint, Keynote oder anderer Präsentationssoftware sind Beamer-Präsentationen zum Standard geworden. Dafür gibt es natürlich gute Gründe: Die Präsentationen machen von der Gestaltung her einen professionellen Eindruck, sind leicht korrigier- und kopierbar (Vorsicht: häufig werden ausgedruckte Präsentationen mit Teilnehmerunterlagen verwechselt), und auch aktuelle Audio-Videoclips lassen sich leicht integrieren.

Leider laden die Programme aber auch zu technischen Spielereien ein, die im schlechtesten Fall dafür sorgen, dass die Gestaltung und die Effekte über die Inhalte dominieren und die Präsentierenden selbst kaum noch in Erscheinung treten. Wohl auch deshalb entwickelt sich seit vielen Jahren ein Gegentrend – zurück zur Einfachheit.

Eine der wichtigsten Tasten bei der Nutzung von PowerPoint ist das „b". Klicken Sie einmal darauf, verdunkelt sich der Bildschirm, klicken Sie erneut, wird er wieder hell.

Ebenso wie der OHP ist der Beamer sowohl in kleiner Runde als auch vor einem mehr als hundertköpfigen Publikum einsetzbar. Und wenn Sie die Tipps zur Mediengestaltung berücksichtigen, bereichern Beamer und PowerPoint Ihre Präsentation.

Gegenstände

Gegenstände, Modelle, Selbstgebautes und anfassbares Anschauungsmaterial jeglicher Art haben einen großen Vorteil: Sie sind konkret, haptisch und auf mehreren Sinneskanälen erfahrbar. Darin liegt ihre große Kraft. Eine Produktschulung ohne das Produkt vor Augen ist leer und kraftlos. Deswegen steht bei der Schulung von Autoverkäufern das Objekt der Begierde immer im Raum.

Bisher haben wir uns mit Gegenständen vor allem beim Thema „ungewöhnliche Eröffnungen" beschäftigt: Ein Zollstock beim Thema Zeitmanagement, ein Decision-Maker beim Thema Entscheidungsfindung etc. Beide Gegenstände lassen sich auch gut als Verlebendiger in der Präsentation nutzen. Ebenso ein Boxhandschuh, um etwa auf die Herausforderungen des argumentativen Nahkampfs in einer Präsentation über Argumentationstechniken aufmerksam zu machen.

Auch als Give-aways erzielen Gegenstände potenziell nachhaltige Wirkung. So werde ich heute noch sehr positiv auf laminierte Argumentationskarten angesprochen, die ich vor vielen Jahren im Rhetorik-Training ausgegeben habe.

Empfehlung: Die Story-Board-Methode

Die modernen Präsentationsmedien wie PowerPoint, Keynote und Co. machen es uns leicht, unzählige Charts zu erstellen und Inhalte mühelos in die Folien zu kopieren. Dadurch besteht immer die Gefahr, nicht nur einzelne Folien, sondern ganze Präsentationen zu überladen. Die Story-Board-Methode, ein Szenen-Drehbuch, kann uns davor bewahren. Diese Technik kommt ursprünglich aus dem Filmgeschäft und dient Drehbuchautoren und Regisseuren dazu, bestimmte Szenen, Einstellungen und Perspektiven in Bildern zu skizzieren und somit vor Drehbeginn allen Beteiligten eine Idee von den Absichten des Regisseurs zu vermitteln.

Ausgehend von der Einsicht, dass die Struktur einer Präsentation und einer Argumentation umso wichtiger wird, je komplexer die Inhalte werden, setzt sich die Story-Board-Methode mehr und mehr auch im professionellen Präsentationskontext durch. Die Idee dahinter ist, dass eine gute Präsentation wie ein guter Film genau geplant sein sollte.

Wenn Sie Ihre Präsentation anhand des Masterplans (siehe Kap. 4) zu einer sehr wirkungsvollen Präsentation entwickeln, steht die Story bereits. Zeichnen Sie auf einem quer gelegten DIN-A4- oder DIN-A3-Blatt – sagen wir – neun Folien ein und verdichten Sie Ihre Informationen mithilfe der Empfehlungen zur Mediengestaltung (siehe Kap. 5.3). Jedes Chart bekommt so eine Überschrift und eine Kernaussage, die entweder durch Argumente, Beispiele oder Visualisierungen gestützt wird.

Jedes einzelne Chart wird anschließend mit folgenden Fragen überprüft:
- Ist die Kernaussage des Charts klar?
- Sind alle Informationen auf dem Chart relevant für Ihre Kernaussage?
- Würde Ihre Kernaussage an Kraft verlieren, wenn Sie Informationen weglassen?
- Sind die Begründungen für Ihre Kernaussagen schlüssig?
- Kann jemand, der sich nicht so intensiv wie Sie mit dem Thema beschäftigt hat, die Folie verstehen?

Anschließend schauen Sie, ob Ihre „Story" in sich schlüssig und „rund" ist, nehmen Korrekturen vor, suchen nach Stellen, an denen Sie „Verlebendiger" oder besondere Stil- oder Interaktionsmittel einsetzen können.

Wenn Sie ohne den Masterplan arbeiten und sich auf den Transport eines anspruchsvollen Themas beschränken, nutzen Sie zur Argumentation z.B. das Pyramidenprinzip (siehe Kap. 4.2) und gestalten die Sildes nach dem darin beschriebenen Muster.

5.3 Zur Mediengestaltung generell – und für PowerPoint-Folien im Besonderen

Unabhängig davon, ob Sie PowerPoint, Flipchart oder ein anderes Medium verwenden, führen die folgenden Empfehlungen zu einer professionell anmutenden Präsentation und erleichtern es Ihren Teilnehmern, die Inhalte gut aufzunehmen.

- Lassen Sie an den Rändern viel Platz.
- Nutzen Sie lieber ein Chart oder Slide mehr als eins weniger; mit Inhalten überladene Charts und Slides machen orientierungslos.
- Auf PowerPoint bezogen gilt allerdings: Höchstens alle zwei bis vier Minuten sollte ein neues Chart gezeigt werden, also maximal 20 Folien in 40 Minuten.
- Jedes Chart oder Slide braucht eine Überschrift.
- Nutzen Sie eine ausreichend große Schriftgröße. Bei PowerPoint-Slides sind das in der Regel 24 Punkt; die Überschriften sollten 4 bis 6 Punkt größer sein.
- Konzentrieren Sie sich auf Kernaussagen und Kurzsätze. Beispiel: „Kernaussagen statt komplette Sätze".
- Nutzen Sie die 7er-Regel: Maximal 7 Worte pro Zeile, maximal 7 Informationen pro Slide/Chart.
- Nutzen Sie serifenlose Schriften wie Arial oder Helvetica und durchgängig eine Schriftart und eine Schriftgröße.
- Verwenden Sie für den Text schwarze und blaue Farbe. Diese Farben haben die höchste Pixeldichte und erleichtern im Falle des Ausdruckens das Lesen des Fotoprotokolls.
- Für farbige Hervorhebungen und Zeichnungen nutzen Sie grüne oder rote Farbe.
- Wenn Sie Hintergrundfarben einsetzen, verwenden Sie dazu helle Farben. Sie sind für Ihre Teilnehmer weniger ermüdend und bieten einen hinreichenden Kontrast zur dunklen Schrift.
- Generell gilt: Farben sparsam eingesetzt sind okay, zu bunt sollte es nicht werden.
- Gleiches gilt für Animationen: Setzen Sie sie gezielt und sparsam ein.

Tipps zur Beschriftung von Flipcharts, Pinnwänden und Co.

Gut gestaltete Charts und eine leserliche Schrift führen direkt dazu, dass Ihnen eine erhöhte Professionalität zugeschrieben wird. Auch wer handschriftlich eine regelrechte „Klaue" hat, kann mit wenigen Kniffen gut lesbare Charts erstellen. Ich spreche da aus Erfahrung.

1. Schreiben Sie serifenlos in Druckbuchstaben.
2. Nutzen Sie Groß- und Kleinschreibung, setzen Sie die Buchstaben eng aneinander.
3. Vermeiden Sie Stifte mit runden Spitzen, verwenden Sie Stifte mit Kanten, schreiben Sie mit der ganzen Kante.
4. Nutzen Sie große Mittel- sowie kleine Über- und Unterlängen. Für Ihre Teilnehmer kaum sichtbar liniertes Pinnwand- und Flipchartpapier hilft Ihnen dabei.

Mit diesen Empfehlungen sind Sie auf jeden Fall gut präpariert und erwecken einen professionellen Eindruck bei Ihren Teilnehmern.

5.4 Die lebendige Präsentation lebt vom Medienmix

Wie wir gesehen haben, hat jedes Medium seine Vor- und Nachteile. Für ein lebendiges Seminar, eine lebendige Präsentation spricht vieles dafür, die jeweiligen Vorteile zu nutzen – und es dabei zu belassen.

So könnten Sie Ihre Präsentation mit einem kurzen YouTube-Spot beginnen, den Beamer anschließend ausschalten und sich selbst ins Zentrum stellen. Im Laufe Ihrer Präsentation entwickeln Sie dann entweder „live" oder teilvorbereitet ein Schaubild, das Ihre Kernaussage wirkungsvoll unterstreicht – und am Schluss bekommt jeder Ihrer Zuhörer eine kleine Sanduhr in die Hand, um daran zu erinnern, dass es nur eine Frage der Zeit ist, bis auch die Mitbewerber das neue Geschäftsfeld entdecken.

Wenn Sie mögen, schreiben Sie zudem die Agenda Ihrer Präsentation auf ein Flipchart – und so sind alle im Bilde, wo sie gerade stehen und was noch auf sie zukommt.

Der Mix macht's. Und so richtig es ist, jedes Medium in seiner Stärke einzusetzen, so wichtig ist es auch, darauf zu achten, keinen Medienmix des Medienmixes wegen zu veranstalten. In der Präsentorik stehen Sie im Mittelpunkt.

Sie sind das Medium Nummer eins. Rücken Sie sich nicht in den Hintergrund, indem Sie möglicherweise zu schnelle und zu viele Medienwechsel praktizieren.

Unter dem Strich gilt auch hier: Weniger ist mehr! Ein selbst geschossenes Foto, eine live erstellte und handschriftliche Skizze sowie eine persönliche Erzählung stehen – an der richtigen Stelle eingesetzt – dem aufwändig produzierten Werbeclip in nichts nach.

Mit dem folgenden Planungstool behalten Sie den Überblick über die Wahl Ihrer eingesetzten Medien.

Planungstool Medienmix

	Wort	Flipchart	Pinnwand	Gegenstand Prototyp	Beamer Text	Beamer Foto/Video	Audio	Overhead-projektor	Whiteboard	Whiteboard interaktiv
Eröffnung										
Begrüßung										
Ziel										
Motivation										
Transparenz										
Hauptteil										
…										
…										
…										
…										
Schluss										
Zusammenfassung										
Persönliche Meinung										
Kreis schließen										
Aktion/Appell										
Verlebendiger										

Die lebendige Präsentation lebt vom Medienmix

5.5 Präsentation versus Teilnehmerunterlagen

Bitte beachten Sie den Unterschied zwischen einer Präsentation und den Teilnehmerunterlagen.

- Eine **Präsentation** konzentriert sich auf die wesentlichen Punkte, auf den Slides stehen die Kernaussagen in Kurzsätzen oder Stichworten, veranschaulichende Visualisierungen, mehr nicht.
Leitfrage: Was kann ich noch weglassen?
- **Teilnehmerunterlagen** folgen einer anderen Logik: Hier ist Platz für Hintergrundinformationen, detaillierte Zusatzerläuterungen, technische Datenblätter, Dokumentationen, Quellen u.a.
Leitfrage: Welche Informationen brauchen die Teilnehmer noch?

Viele Präsentierende schenken diesen Unterschieden wenig Aufmerksamkeit. Dadurch präsentieren sie Teilnehmerunterlagen statt einer echten Präsentation. Den Arbeitsgang der Verdichtung hat man sich damit zwar erspart. Der Preis aber ist hoch: Es entstehen mit Inhalten völlig überladene PowerPoint-Slides, die dann von den Präsentierenden abgelesen werden. Der Gähn-Faktor im Publikum ist unmittelbar erkennbar, der Informations-Overflow fast unausweichlich.

Manchmal ist es nötig, sehr ins Detail zu gehen, beispielsweise bei technischen Präsentationen. In diesem Fall empfehle ich Ihnen, Detailskizzen in die Teilnehmerunterlagen zu legen – und dann in der Präsentation darauf zu verweisen:

„Um zu verstehen, welche Regelkreise in diesem Steuerungsmodul angesprochen werden, schauen Sie jetzt bitte in Ihren Teilnehmerunterlagen auf S. 16 ..." Anschließend holen Sie sich die Aufmerksamkeit wieder zurück und fahren mit Ihrer Präsentation fort.

Damit haben wir bereits eine mögliche Antwort auf die Frage gegeben, was besser ist: Erst Präsentieren und dann die Teilnehmerunterlagen ausgeben – oder umgekehrt?

Diese Frage lässt sich nur aus den Präsentationszielen und dem Kontext heraus beantworten. Im oben angeführten Beispiel brauchen die Teilnehmer die Unterlagen, um die nötige Detailtiefe zu erhalten.

Gleichzeitig ist es so, dass Unterlagen zum Stöbern einladen und die Aufmerksamkeit damit potenziell von Ihnen abgezogen wird. Deswegen verzichten viele Trainer und Dozenten auf das Austeilen vor Seminarende.

Meine Meinung dazu lautet: Wenn Ihre Präsentation anregend und teilnehmerorientiert aufgebaut ist, besteht kein Grund zur Sorge, dass Sie die Aufmerksamkeit Ihrer Teilnehmer verlieren – ob diese nun Unterlagen vor sich haben oder nicht.

Das Wichtigste in Kürze

- Ihre Stimme und Ihre Körpersprache haben großen Einfluss darauf, wie lebendig und abwechslungsreich Ihre Präsentation wirkt. Denn das wichtigste Medium sind Sie selbst!

- Flüchtige und permanente Medien erzielen unterschiedliche Wirkungen. Ist eine Information/Aussage so bedeutend, dass sie Ihren Teilnehmern während des ganzen Seminars vor Augen stehen soll, platzieren Sie sie dauerhaft an prominenter Stelle.

- Im richtigen Kontext kann jedes Medium ein gutes Transportmittel Ihrer Inhalte sein. Bei der Auswahl beachten Sie die Faustregel: Je persönlichkeitsorientierter das Thema, desto individueller kann das Medium sein und umso weniger Distanz sollte es zwischen Ihnen und Ihren Teilnehmern aufbauen.

- Sie planen Ihre Präsentation sowie jede einzelne Folie / jedes Chart mit der Story-Board-Methode, um nicht in die Gefahr zu geraten, Ihre Teilnehmer mit zu vielen Inhalten zu überfordern.

- Sie nutzen das Planungstool „Medienmix". Dadurch behalten Sie den Überblick, sodass Ihre Präsentation durch den Einsatz unterschiedlicher Medien variantenreich ist, Sie sich aber nicht im „Mixum des Mixes willen" verlieren.

6   Körpersprache und Stimme –
So wirken Sie selbstsicher und kompetent

Darum geht es:

Mit unserem Körper kommunizieren wir mindestens so viel wie mit gesprochenen Worten. Wollen wir überzeugend reden, gelungen präsentieren, perfekt vortragen, sollte beides im Einklang stehen: der sprachliche Inhalt und der körperliche Ausdruck. Die Körpersprache bietet uns ein großes Repertoire aus Mimik, Gestik, Bewegungen und vielem mehr. Das Zusammenspiel daraus trägt mit dazu bei, wie Ihre Präsentation oder Ihr Vortrag aufgenommen wird und ob Sie persönlich selbstsicher und kompetent wirken.

Das ist Ihr Nutzen:

- Sie teilen Körpersprache nicht in richtig oder falsch ein. Vielmehr verstehen Sie Ihre Körpersprache als ein Mittel, das Sie dabei unterstützt, eine von Ihnen angestrebte Wirkung leichter zu erzielen.

- Sie sind sensibilisiert dafür, dass Ihre Körpersprache permanent gedeutet und fehlgedeutet werden kann. Die Deutungshoheit liegt nicht bei Ihnen. Ein Gesichtsausdruck kann falsch verstanden und so die Beziehungsebene gestört werden.

- Sie fuchteln nicht wahllos mit Ihren Händen herum, sondern setzen Gesten gezielt ein, um Inhalte zu transportieren, und halten Ihre Hände im neutralen oder positiven Bereich.

- Sie stehen zukünftig sicher und fest mit beiden Beinen auf dem Boden und nutzen den Raum, den Ihnen Ihre „Bühne" lässt für Aktionen, mit denen Sie die Aufmerksamkeit der Zuschauer gewinnen.

- Sie wissen, dass zu Ihrer Körpersprache auch der räumliche Abstand zu Ihrem Gegenüber gehört und halten die passende Distanz ein.

- Sie sprechen in Ihrem persönlichen Grundton: klar, verständlich und kraftvoll.

Körpersprache ist die erste Sprache, die wir lernen. Wir alle sind Profis darin. In den ersten Wochen, Monaten und Jahren hat es jeder von uns verstanden, seiner Umwelt deutlich zu machen, was er oder sie will: Hunger, Durst, Beschäftigung und vieles mehr. Und nicht nur im Senden – auch im Lesen von körpersprachlichen Signalen haben die meisten von uns eine hohe Expertise entwickelt: Lächeln oder hochgezogene Augenbrauen des Gegenübers führen zu direkten Reaktionen. Einmal lächeln wir zurück und freuen uns. Ein anderes Mal fragen wir uns, ob wir etwas Überraschendes gemacht haben, halten inne und erkundigen uns dazu bei unserem Gesprächspartner.

Und obschon im Laufe der Jahre dieser bedingungslose körperliche Ausdruck zurückgeht (zum Glück), ist und bleibt er für eine Reihe von Gefühlen doch auf dem ganzen Globus zentral und wird von allen erkannt. So haben Wissenschaftler wie I. Eibl-Eibesfeldt, D. Morris und P. Ekman herausgefunden, dass Gefühle wie Freude, Trauer, Angst, Ekel, Wut, Überraschung von allen Menschen mit einer ähnlichen Mimik ausgedrückt und von allen erkannt werden.

Geradezu legendär ist die Untersuchung von Mehrabian und Ferres. Danach ist die Wirkung eines Menschen zu 56 Prozent von seiner Körpersprache abhängig, zu 38 Prozent von seiner Stimme – und nur zu sechs Prozent von den Inhalten. Als die Studie vor mehr als 30 Jahren veröffentlicht wurde, war ungläubiges Staunen als Reaktion darauf noch die freundlichste Beschreibung.

Schließlich ist eine solche Aussage für alle, die in lehrenden Berufen, in technischen und wissenschaftlichen Arbeitsfeldern unterwegs sind, ein profunder Angriff auf das eigene Selbstverständnis. Versteht man sich doch als Experte, Wissenschaftler und Fachmann, der danach beurteilt werden möchte, *was* er sagt – und nicht, *wie* er es sagt.

Das ist ja auch absolut nachvollziehbar. Und sicher sollte man die genannten Ergebnisse nicht auf die Goldwaage legen. Für mich persönlich ist es auch nicht so wichtig, ob es sechs, 16, 26, 36, 56 oder noch mehr Prozent der Wirkung sind, die vom Inhalt bestimmt werden. Aber eine Aussage bleibt doch bestehen:

Unsere Wirkung ist zu einem ganz erheblichen Maße von unserer Körpersprache abhängig, also von der Körperhaltung, Gestik und Mimik, sowie von unserer Stimme.

In der Mathematik gibt es das Gesetz: Alles, was mit null multipliziert wird, hat zum Ergebnis wieder null. Die besten Inhalte, transportiert mit „null" Körpersprache, kommen nicht an. Und wenn sie ankommen, erzeugen sie keine Wirkung. Zeigt der Körper keinen Ausdruck, versandet auch das beste Argument.

Und mag es Verhandlungssituationen geben, in denen ein Pokerface das Mittel der Wahl ist, so führt der gleiche Gesichtsausdruck in Präsentationen und Vorträgen eher zu Ablehnung und Konfrontation.

Kennen wir jemanden nicht, ist das entscheidend, was im Moment der sprachlichen Performance „rüberkommt". Passen da Wort und Wirkung beziehungsweise Inhalt und Körpersprache zusammen, stimmt das, was wir sagen mit dem, was wir körpersprachlich ausstrahlen überein, sprechen wir von **„kongruenter" Kommunikation**.

Passt es nicht und sagt der Dozent und Trainer mit trauriger Miene, wie sehr er sich gerade freut, sprechen wir von **inkongruenter Kommunikation:** Inhalt und Form sind nicht in Deckung, werden auf jeden Fall nicht so wahrgenommen.

Kann und sollte man die Körpersprache verbessern?

In der ersten Säule der Präsentorik haben wir die zentrale Bedeutung von Echtheit, Glaubwürdigkeit und Natürlichkeit betont. Ist es da überhaupt zweckmäßig, bei so etwas Ureigenem wie der Körpersprache auf Verbesserungen und Wirkungen zu schauen?

Ist es! Das wird immer wieder deutlich, wenn Vortragende, Trainer und Dozenten sich auf dem Video sehen: Da steht jemand, breitbeinig wie ein Cowboy, die Arme angewinkelt auf die Hüften gelegt und versteht jetzt, dass Teilnehmer und Teilnehmerinnen sich immer wieder über seine Überheblichkeit bei Präsentationen beschweren.

Auch der erhobene Zeigefinger gehört in diese Kategorie. Oder das „in die persönliche Zone der Teilnehmer Hineintrampeln".

Letztlich auch so „banale" wie basale Dinge: Darauf zu achten, mit dem eigenen Körper das Präsentationsmedium nicht zu verstellen oder zu verdecken.

Viele Vortragende, Trainer und Dozenten sind sich ihrer inkongruenten Wirkung nicht bewusst. Ihnen ist nicht klar, dass die Art und Weise, wie sie wirken (Fremdbild), mitunter stark von der eigenen Wahrnehmung abweicht (Eigenbild).

Videoarbeit kann ein Mittel sein, diese Diskrepanz bewusst zu machen. Dem Eigenbild wird ein Fremdbild gegenübergestellt. Können wir beim Feedback von einem Kollegen, Vorgesetzten oder Teilnehmer, selbst bei einem Präsentorik-Trainer nie ausschließen, dass da Projektionen oder „offene Beziehungsrechnungen" mit einfließen, ist die Videoaufnahme ein sehr nüchterner Spiegel.

Gleichzeitig geht es beim Thema Körpersprache weniger um ein Richtig oder Falsch – sondern eher darum, ob Ihre Körpersprache Sie unterstützt oder es Ihnen eher schwer macht. Und auch: Ob sich die Wirkung, die Sie erzielen möchten, mit der deckt, die Sie auch erreichen. Bitte denken Sie daran: Andere bewerten uns nach unserem Verhalten, nicht nach unseren Absichten. Wenn Sie selbst also meinen, behutsam vorzugehen, andere in Ihnen aber den Elefanten im Porzellanladen sehen, ist es durchaus zielführend zu schauen, wie Sie diesen Eindruck körpersprachlich auslösen.

Um die Wirkung von Körpersprache zu beschreiben, eignen sich die folgenden Polaritäten am besten:

Offen/geschlossen
- Offen bedeutet: Es ist möglichst viel vom Körper sichtbar. Offene Augen, ein offener Gesichtsausdruck, eine den Teilnehmern und Zuhörern zugewandte Körperhaltung, Arme und Hände, die das gesprochene Wort unterstützen.

- Geschlossen heißt: Übereinandergeschlagene Beine, verschränkte Arme, der Körper wird benutzt, um sich selbst zu verdecken. Verstecken hinter dem Rednerpult, großformatige Manuskripte vor Bauch und Brust halten ...

Aktiv/passiv

- Aktiv heißt: Lebendig, der Körper wird als Kommunikationsmedium genutzt. Die Geste unterstreicht das gesprochene Wort, die Stimme moduliert und ist ausdrucksstark, der Stand im Raum wird genutzt, um den Vortrag inhaltlich zu gliedern ...
- Passiv heißt: Im schlechtesten Fall null Körpersprache, monotones Sprechen, Engagement und Leidenschaft für oder gegen ein Thema und eine Sache sind nicht spürbar.

Selbstbewusst/unsicher

- Selbstbewusst heißt: Sie stehen sicher, halten Blickkontakt, mit ruhigen Bewegungen unterstützen Sie das gesprochene Wort, Sie erlauben sich spontane und lebendige Reaktionen.
- Unsicher heißt: Sie scheuen den direkten (Blick-) Kontakt, Sie sind stimmlich schwer verständlich und machen fahrige bis unkontrollierte Bewegungen.

Für fast alle Präsentations- und Vortragssituationen gilt: Eine eher offene, eher aktive und selbstbewusste Körpersprache wirkt positiver als eine eher geschlossene, eher passive Körpersprache.

Ansonsten gilt: Körpersprache lebt, wie eigentlich alles in der Präsentorik, vom Wechsel.

Ob etwas ehrlich gemeint ist, ob wir jemandem das „abkaufen", was er sagt, hat neben der Körpersprache viel mit Erfahrung im Kontakt bzw. der Interaktionsgeschichte zu tun. Haben wir einen Kollegen also innerlich schon als „Ankündigungsweltmeister" abgestempelt, der seinen Worten keine Taten folgen lässt, nutzt ihm eine noch so brillante Körpersprache vermutlich nichts.

Wir unterteilen Körpersprache in Mimik, Gestik, Körperstand, Bewegungen im Raum, Distanzzonen und Revierverhalten.
Mit der Mimik transportieren wir Gefühle, mit der Gestik können wir das gesprochene Wort unterstreichen, durch die Körperhaltung drücken wir aus, wie wir zu einem Thema stehen, das Einhalten von Distanzzonen und das sog. Revierverhalten geben Auskunft über unsere Beziehungsangebote und unser Selbstverständnis.

Im Einzelnen:

6.1 Mimik

Unter Mimik verstehen wir alles, was sich im Gesicht abspielt; die sichtbaren Bewegungen der Gesichtsoberfläche. Und mit unseren 26 Gesichtsmuskeln (wobei acht im Wesentlichen für die Mimik verantwortlich sind) können wir einiges anstellen.

Stirnrunzeln, hochgezogene Augenbrauen und nach unten gezogene Mundwinkel gehören ebenso dazu wie das Schnaufen der Nase, ein leichtes Lächeln oder die zusammengekniffenen Augen. Das Ausdrucksspektrum ist enorm.

Mit der Mimik drücken wir aus, wie wir gefühlsmäßig zu unserem Thema stehen. Mimik transportiert Emotionen. Große Freude und bodenloser Zorn lassen sich nur schwer unterdrücken. „Er strahlte wie ein Honigkuchenpferd" oder „Sie machte ein Gesicht wie sieben Tage Regenwetter", sind Redewendungen, die dies ausdrücken. Kennen Sie den Ausdruck: Augenbrauen können sprechen? Sind wir überrascht, gehen sie nach oben, sind wir ärgerlich, ziehen wir sie an der Nasenwurzel zusammen – in der Regel in Verbindung mit einem zusammengekniffenen Mund. Dies trifft übrigens nicht nur für Deutsche und Mitteleuropäer zu; es ist ein universeller Ausdruck, den wir in allen Kulturen rund um den Globus finden.

Welche Empfehlungen kann man hier geben?

Nach meiner Erfahrung neigen besonders Männer dazu, in der Präsentationsrolle sehr konzentriert dreinzuschauen und ein ernstes Gesicht aufzusetzen – schließlich geht es ja in der Regel um anspruchsvolle Themen. Nur: Besonders konzentriert wirkt schnell „böse" – und schon sind Ihre Zuhörer damit beschäftigt sich zu fragen, was wohl mit Ihnen los ist. Dafür brauchen sie „Arbeitsspeicher", den sie nicht gleichzeitig einsetzen können, um Ihren Inhalten zu folgen. Ein leise angedeutetes Lächeln oder auch ein ehrliches Lachen zur rechten Zeit wirken positiv. Bitte diesen Appell nicht falsch verstehen: Ich rufe nicht zum oft kolportierten asiatischen Dauerlächeln auf. Aber es ist schon etwas dran an dem chinesischen Sprichwort: „Mach keinen Laden auf, wenn du nicht lächeln kannst."

Ein Lächeln ist nun mal die kürzeste Kontaktbrücke zum Publikum.

Lächeln tut gut – und zwar Ihnen und dem Publikum. Heinz Rühmann nennt Lächeln „... das Kleingeld des Glücks" und manch teure Präsentation ging schon pleite, weil kein Kleingeld im Spiel war.

Und: Wie bei fast allem in der Präsentorik gilt auch hier: Der Mix macht's. Beim Erläutern komplexer technischer Zusammenhänge ist ein ernster Gesichtsausdruck sicher angemessen, beim Stellen einer Frage ans Publikum wird die Resonanz durch das Lächeln dramatisch erhöht.

Ohne ihn läuft nichts: Der Blickkontakt

Zentrale Bedeutung beim Thema Mimik kommt dem Blickkontakt zu. Dabei bin ich bereit, jede Wette mit Ihnen einzugehen: Nach und während einer Präsentation werfen Ihnen diejenigen Knüppel zwischen die Beine, zu denen Sie keinen Blick-kontakt hatten oder haben! Halten Sie dagegen? Wie kleine Kinder Körperkontakt wollen, verlangen erwachsene Zuhörer nach dem Blickkontakt.

Geben Sie durch den Blickkontakt möglichst allen Zuhörern das Gefühl, sie persönlich anzusprechen.

Seien Sie dabei nicht zu ordentlich im Sinne von: Einen nach dem anderen mit dem Blickkontakt abklappern – oder wie beim Tennis-Zuschauen, den Blick pingpong-artig von links nach rechts wackeln lassen. Auch die männlichen Blick-Duelle mit der Regel „Wer zuerst wegguckt, hat verloren" haben hier nichts zu suchen. Pausen-loser Blickkontakt ist gut bei Verliebten, ansonsten wirkt er unnatürlich und aggressiv.

Gehen Sie beim Thema Blickkontakt ohne Muster vor und achten Sie darauf, alle abzuholen. Drei bis sechs Sekunden sind für viele Menschen eine gute und stimmige Zeit für einen persönlichen Blickkontakt. Und wenn Sie vor großem Pub-likum sprechen, schauen Sie immer wieder Einzelnen ins Gesicht. Suchen Sie sich einen Blickpartner in Reihe zehn, fünfter Platz von links – und aufgrund von Fehl-sichtigkeit und Unschärfe fühlt sich ein ganzer Pulk von Menschen um Ihren Blick-partner herum angesprochen. Nach kurzer Zeit wechseln Sie dann zu Reihe zwei, Platz in der Mitte – und Sie werden einen ähnlichen Effekt erzielen.

*„Sehr geehrte Damen und Herren. Lassen Sie mich meinen Vortrag,
,Die Wichtigkeit des Blickkontakts', mit ..."*

6.2 Gestik

Unter Gestik fällt all das, was wir mit unseren Armen und Händen unternehmen. Nehmen wir einmal an, Sie konzentrieren sich im Hauptteil Ihrer Präsentation auf drei Kernpunkte. Dann ist der auf Schulter-/Brusthöhe hochgezeigte Daumen eine wirkungsvolle gestische Ankündigung für den ersten Punkt. Nehmen Sie den Zeigefinger dazu für den zweiten, und bei drittens – na klar – komplettiert der Mittelfinger das Bild.

Genau das ist die Funktion von Gestik: Sie unterstützt das gesprochene Wort. Zu wahrer Weltmeisterschaft haben es darin (nach dem Klischee) die Italiener gebracht. Ihnen sagt man nach, dass sie mit den Händen (und Füßen) sprechen.

Die geballten Fäuste signalisieren Entschlossenheit und Tatendrang, mit vertikal zueinander oder horizontal übereinandergehaltenen Händen veranschaulichen Sie sich verändernde Größen oder Zeitabstände, hochgezogene Schultern signalisieren „Das-weiß-ich-auch-nicht" oder das Abgeben von Verantwortung.

Und manche Gesten brauchen keine Worte: Das Aneinanderreiben der Spitzen von Daumen und Zeigefinger gehört dazu, ebenso wie das Bilden eines Kreises aus Daumen und Zeigefinger – auch wenn dem je nach kulturellem Hintergrund sehr unterschiedliche Bedeutung gegeben wird. In Deutschland drücken wir damit aus: Okay, es ist alles in Ordnung. Die Italiener sehen es als Symbol für den Schließmuskel an der Körperrückseite und wollen dies keinesfalls als Auszeichnung verstehen.

Was auch immer Sie mit Ihren Händen tun – es sollte nicht zum gestikulationsverliebten Selbstzweck werden. Gesten sollen Ihre gesprochene Botschaft unterstützen und Ihnen dabei helfen, Inhalte zu transportieren.

Dabei gilt immer: **Erst die Geste, dann das Wort.** Wenn Sie sagen: das ist top – und Sie schieben den nach oben gestreckten Daumen hinterher, ist die Wirkung verpufft. Im Gegenteil, es wirkt aufgesetzt. Probieren Sie es doch einmal aus!

Achtung: So wie es ein Zuwenig an gestischer Unterstreichung gibt – so gibt es auch ein Zuviel davon. Da ist die Grenze zum Herumfuchteln dann fließend.

Nutzen Sie zur Gestik eher offene Hände mit nach oben gewandten sichtbaren Handflächen. Der erhobene Zeigefinger dürfte in vielen Situationen das verkehrte Signal sein. Auch das Herumspielen mit dem Kuli – womöglich noch mit dem ständigen Drücken auf den Minenausschieber (klick, klick) – oder mit Kleingeld (klimper-klimper) in der Hosentasche outet Sie als Anfänger. Was Ihnen als willkommene Antwort auf die Frage „Was mache ich mit meinen Händen?" erscheint, kann für Ihr Publikum in höchstem Maß nervend werden!

Neutrale, positive und negative Gestik

Wenn Sie einmal Moderatoren im Fernsehen beobachten, stellen Sie fest: Fast alle halten ihre Hände in etwa in Höhe des Bauchnabels – zumindest, wenn sie anfangen zu sprechen. Das ist kein Zufall. Halten wir die Hände in etwa in Höhe des Bauchnabels, halten wir sie im „neutralen Bereich". Von hier aus ist es relativ leicht, in eine aktive Gestik zu gehen und mit einer oder mit beiden Händen spezifische Gesten auszuführen oder die Hände einfach nur machen zu lassen, was sie wollen.

Geht die Gestik dann in Höhe von Brust und Schultern, sprechen wir von Gestik im positiven Bereich. Menschen, die uns beobachten, während wir mit ihnen sprechen, schauen uns in der Regel ins Gesicht. Gestiken, die nah an dieses Blickzentrum herankommen, werden leicht wahrgenommen und schnell gedeutet – deswegen: positiver Bereich.

Hängen die Hände und Arme dagegen schlaff an den Beinen hinunter, sprechen wir von Gestik im negativen Bereich. Kein Wunder. Zum einen sieht es schnell etwas unbeholfen aus. Zum anderen ist es schier unmöglich, an Ihren Lippen zu hängen und mit dem gleichen Blick eine Geste unterhalb Ihrer Hüfte a) zu bemerken und b) zu decodieren.

So gewinnen Sie Vertrauen   *So wirken Sie unsicher*

Symmetrische und asymmetrische Gestik

Wenn Sie beide Hände frei haben, werden Sie vermutlich auch mit beiden Händen gestikulieren. In den meisten Fällen „machen" dann beide Hände das Gleiche, nur eben spiegelverkehrt. Das können wir auch als symmetrische Gestik bezeichnen.

Mit einem Presenter, Pointer oder auch einer Stichwortkarte in der Hand ist Ihre Gestikulationsfähigkeit eingeschränkt. Eine Hand ist eben schon besetzt. Lassen Sie die andere Hand zur Unterstützung Ihrer Rede frei „laufen", sprechen wir von einer asymmetrischen Gestik. Und auch das kann sehr gut aussehen.

Wie bei (fast) allem in der Präsentorik gilt auch hier: Der Wechsel macht's. Mal symmetrisch, mal asymmetrisch. Nachdem sie sich frei gesprochen haben, überlassen Sie die Hände ehedem am besten sich selbst; zu viel Kontrolle ist da nur schädlich.

Wohin mit meinen Händen?

Die Frage „wohin mit meinen Händen" sollte damit beantwortet sein: Rein in den natürlichen Fluss und lieber mal eine Geste zu viel, als eine zu wenig. Und dennoch nicht vergessen: Nonverbales sollte die formulierten Inhalte unterstreichen und unterstützen, nicht jedoch dominieren oder von ihnen ablenken.

Definitiv nichts zu suchen haben die Hände in den Hosentaschen oder hinter dem Rücken.

Genauso wichtig ist es, kein Dogma aus diesen Ausführungen zu machen. Baumeln Ihre Arme einmal schlaff an den Beinen hinunter, rutscht die Hand einmal in die Hosentasche, ist das kein Drama. Holen Sie sie einfach zügig wieder heraus. Hand steht nun einmal für Handlung, und handeln in der Hosentasche geht nun einmal nicht. Außerdem gibt es eine Menge Leute, auf die das eher überheblich wirkt. Und schon sind Ihre Zuhörer eher mit der Beziehungsdefinition zu Ihnen beschäftigt als mit Ihren Inhalten.

6.3 Stand und Bewegung im Raum

Die Faustregel lautet: **Ein fester Stand erzeugt Sicherheit.** Immer wieder. Fest meint dabei: Mit beiden Beinen fest auf dem Boden, die Beine etwa schulterbreit auseinander. Aber Vorsicht: Sie müssen nicht wie angewurzelt und zur sagenumwobenen Salzsäule erstarrt stehen. Bewegen Sie sich auf Ihrer „Bühne". Gehen Sie auf das Publikum zu, wechseln Sie von einer Seite des Mediums auch mal auf die andere Seite, wenn dies situativ Sinn macht. Doch vermeiden Sie es, wie der sprichwörtliche Tiger im Käfig hin und her zu rennen.

Auch hier gilt: Der Wechsel macht es lebendig und Sie sollten eine Art finden, in der Sie sich wohlfühlen.

Gleichwohl platzieren Sie eine Kernaussage tatsächlich am besten von einer festen Standposition, einem klaren Standpunkt aus – da ist die Wirkung am größten.

Eine klare und gerade Körperachse, entspannte Schultern und Knie wirken einfach stärker als überkreuzte Beine und Füße oder eine vertikale Körperachse, die eher einer Sichel gleicht.

Mit einem festen Stand drücken Sie körpersprachlich aus: Achtung! Jetzt kommt etwas Wichtiges! Oder auch: Diese Aussage hat eine zentrale Bedeutung und ich bin fest davon überzeugt!

Jetzt können sich Ihre Zuhörer hundertprozentig auf Ihren Inhalt konzentrieren und werden nicht durch Bewegungen und Unruhe abgelenkt.

Danach können Sie sich wieder entspannen, bewegen, einen neuen Standpunkt einnehmen etc.

Mit Blick auf die Bewegung im Raum erzielen Sie die größte Wirkung, wenn es Ihnen gelingt, Ihre Inhalte körpersprachlich zu gliedern. Nehmen wir einmal an, Sie haben sich im Hauptteil für das Pro-Contra-Schema entschieden. Jetzt „kommt" es gut, wenn Sie die Hinführung des Themas von einer mittleren Position im Raum vornehmen. Dann bewegen Sie sich ein, zwei Schritte nach links und führen von dort Ihre Pro-Argumente aus. Nach einer kurzen Pause unternehmen Sie zwei Schritte nach rechts und beginnen mit Ihrer Contra-Argumentation. Zu Ihrer Schlussfolgerung kommen Sie wieder zur Mitte zurück. Inhalt und Körpersprache sind so sehr gut aufeinander abgestimmt und unterstützen sich gegenseitig. Ihre Zuhörer werden es Ihnen danken.

Auch möglich: Sie reservieren bestimmte „Zonen" im Raum oder auf der Bühne für bestimmte Inhalte. Nach dem Motto: Immer, wenn Sie auf dieser Stelle stehen, richten Sie Fragen ans Publikum, von hier aus starten Sie eine Interaktion. Oder, wenn Sie schlechte Erfahrungen machen und beispielsweise von einem Ort aus eine schwierige Frage nicht überzeugend beantworten konnten, verlassen Sie diesen Ort und meiden Sie ihn. Der Platz ist verseucht. Auch wenn es Ihren Zuhörern nicht auffällt, kann es Sie doch entspannen. Klingt abergläubisch? Kann schon sein. Und viele Ihrer Kollegen waren dankbar für diesen Tipp.

Distanzzonen und Reviere

Respektieren Sie beim Präsentieren und auch beim Bewegen im Raum die Raumbedürfnisse und die „Distanzzonen" Ihres Gegenübers! Distanzzonen und Reviere beschreiben so etwas wie unsichtbare Zäune in der nonverbalen Kommunikation. Wahrscheinlich kennen Sie Situationen, in denen Ihnen andere Menschen nicht nur sprichwörtlich, sondern tatsächlich und räumlich zu nahe gekommen sind – und Sie fast unweigerlich einen Schritt zurückgetreten sind.

Ich habe das sowohl im beruflichen wie im privaten Kontext erlebt. Auf Messen gibt es immer wieder besonders „aktive" Verkäufer. Sie verwickeln einen sofort ins Gespräch, wenn man auch nur einen Moment an ihrem Stand verweilt. Den Einwand, man wolle sich nur mal umsehen, überhören sie geflissentlich. Stattdessen rücken sie näher und halten einen im wahrsten Sinne des Wortes fest, indem sie ihre Hand dem Gesprächspartner auf Arm oder Schulter legen. Da fällt das „Entkommen" schwer!

Ganz ähnlich ist die Situation in den Sommermonaten in vielen Touristenhochburgen. Vor den Restaurants stehen „Anwerber", die sich dem potenziellen Gast in den Weg stellen und eindringlich auf die Vorzüge ihrer Gaststätte hinweisen. Oft haben sie sich strategisch so geschickt an einer engen Stelle positioniert, dass man ihnen nicht einfach ausweichen kann. Auch sie rücken möglichst nahe heran und setzen ihre Hände ein, um einen ins Restaurant hineinzuschleusen.

Sowohl auf internationalen Messen als auch in südländischen Urlaubsorten lässt sich allerdings auch gut beobachten, dass Distanzzonen kulturell stark differieren und nicht unbedingt Ausdruck der beschriebenen Verkäufer-Taktik sind. In arabischen Kulturkreisen beispielsweise ist es etwas völlig Normales, wenn in der Öffentlichkeit Männer sehr eng beieinanderstehen. In Westeuropa ist eine derart nahe Distanz hingegen gesellschaftlich nur zwischen Menschen akzeptiert, die wie Ehepaare oder Eltern und Kindern in einer engen persönlichen Beziehung zueinander stehen.

Je weiter wir in den Norden kommen, desto „kühler" werden auch die körperlichen Umgangsformen. Ein Skandinavier wird eher selten im Gespräch so temperamentvoll agieren, dass er „mit Händen und Füßen" redet. Bei einem Sizilianer wird das hingegen fast schon erwartet.

Um also Körpersprache und damit auch das körperliche Heranrücken des Gesprächspartners richtig zu deuten, kann ein wenig interkulturelle Kompetenz nicht schaden.

Es gibt auch Situationen oder Räume, in denen wir nicht zurücktreten können – wie in einem Fahrstuhl. Da verhalten sich die meisten dann so, als wäre es nichts Besonderes, wenn man sich sehr nahe kommt, sogar so nahe, bis sich die Kleidungsstücke berühren. Einer geht das in der Regel mit humorigen Bemerkungen („Gut, dass ich heute Morgen Zeit zum Duschen hatte!") oder dem Ignorieren und Aneinander-Vorbeischauen.

Nicht zurücktreten können wir auch, wo Möbel fest installiert sind, wie etwa im ICE. Wenn Sie dort an einem der Tische im Waggon Platz nehmen und sich jemand gegenübersetzt, gibt es ein ungeschriebenes Gesetz: „Die Hälfte des Tisches gehört mir, die andere dir." Breitet sich Ihr Gegenüber jetzt über Gebühr aus, bedarf es dazu Ihrer Zustimmung oder es produziert – zumindest bei den meisten Menschen – ein Grummeln im Magen. Das löst zumeist eine kurze Intervention aus: „Entschuldigung, ein wenig Raum brauche ich hier auch ..."

Jeder von uns hat ein spezifisches Raumbedürfnis und ein Verständnis über sein „Revier" – in öffentlichen wie in privaten Räumen – und natürlich auch in Seminaren oder bei Vorträgen.

Rein körpersprachlich nehmen Sie als Trainer ehedem schon eine herausragende Stellung ein: Sie stehen, die anderen sitzen; Sie können sich frei bewegen, Ihre Teilnehmer und Teilnehmerinnen nicht; Sie haben Raum um sich herum, die anderen haben links und rechts, vor und hinter sich andere Menschen, die ihren Raum erheblich einengen.

In großen Hörsälen, in vielen Vortragssettings und immer dann, wenn Sie auf einer Bühne stehen, ist das Risiko, dass Sie Ihren Zuhörern zu nahe kommen, sehr gering.

Schnell sind Sie da mehr als drei Meter von der ersten Reihe entfernt und damit befinden Sie sich in einer öffentlichen oder auch Ansprache-Distanz. Hier entsteht aus meiner eigenen Erfahrung eher das Risiko, dass die Entfernung zum Publikum zu groß wird.

In Seminar- und Lehrräumen ist die Distanz nicht immer so groß. Schon gar nicht, wenn sie gut besucht sind. Und gerade, wenn Sie sich als Vortragender oder Präsentierende gerne bewegen und den Raum als Ihre Bühne verstehen – wozu ich Sie gerne einladen möchte – ist es sehr nützlich, sich der Distanzzonen und des Reviers Ihrer Teilnehmer bewusst zu sein. Die Empfehlungen dazu lauten wie folgt:

Rücken Sie Ihren Zuhörern nicht zu sehr auf die Pelle. Viele empfinden es als unangenehm, wenn Sie näher als ca. 1,20 Meter kommen – in etwa dort beginnt die persönliche Zone. Sie reicht bis ca. 50 Zentimeter, ab da betreten Sie die intime Zone Ihres Gegenübers. Und nicht jeder mag sich davon überzeugen, ob Ihr Deo heute hält, was Sie sich davon versprechen … Die gesellschaftliche – im wirtschaftlichen Umfeld übliche – Distanz liegt im Bereich von 1,50 bis drei Meter, danach beginnt die oben schon angesprochene öffentliche Zone.

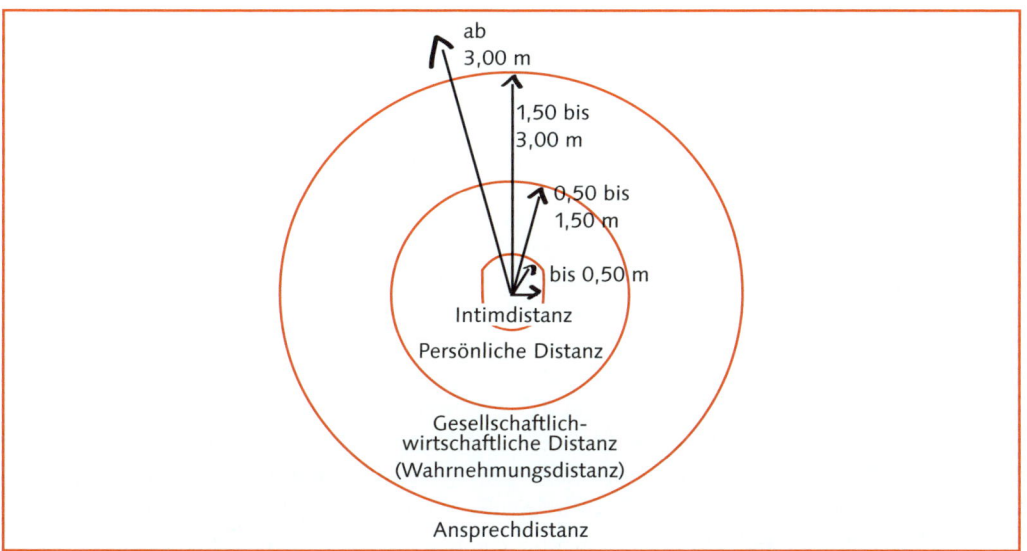

Die Distanzzonen

Überblick:
- **Intimzone:** Bis zu einer Nähe von etwa 50 Zentimeter. Diese Zone ist reserviert für eng befreundete Menschen, Paare, Kinder und Eltern.
- **Persönliche Zone:** Das ist der Bereich zwischen ca. 50 bis ca. 150 Zentimeter. Es ist der übliche Abstand für Gespräche, die Sie mit Ihren Teilnehmern in der Pause oder

zwischendurch führen. Die meisten Gespräche, ob bewusst herbeigeführt oder Resultat einer zufälligen Begegnung, werden wir in diesem Abstand führen.

- **Gesellschaftlich-wirtschaftliche Zone:** ca. 150 bis 300 Zentimeter. Diese Entfernung ist spezifisch für offizielle gesellschaftliche oder geschäftliche Anlässe. Der relativ weite Zwischenraum ermöglicht einerseits einen dauerhaften Blickkontakt, andererseits ist die Ferne ausreichend, um sich auf höfliche Art abzuwenden und so zu zeigen, dass keine Gesprächsbereitschaft besteht.
- **Öffentliche Zone:** ab ca. 300 cm. Dies ist der Abstand, den die meisten Vortragenden von ihren Zuhörern haben, mit dem Vorteil, dass sie aus diesem Abstand heraus auch eine große Zahl von Teilnehmern im Blick haben können.

Aber Vorsicht: All dies sind Durchschnittswerte aus dem deutschen Kulturkreis, die schon hier erheblich variieren können. Der eine ist für räumliche Nähe dankbar, dem anderen ist sie ein Gräuel. In der asiatischen und auch in der arabischen Welt ist tendenziell mehr Nähe erlaubt als in der mitteleuropäischen.

Gehen Sie bei der Suche nach der stimmigen Distanz von Ihrem eigenen Empfinden aus – und legen Sie sicherheitshalber „noch eine Schippe drauf". Sensibilisieren Sie sich in der Teilnehmerrolle einmal für dieses Thema und schauen Sie, was Ihnen angemessen erscheint – und wo Sie den Dozenten zu weit weg von Ihnen und den anderen Teilnehmern erleben.

Komme ich einzelnen Teilnehmern nahe, verliere ich andere vermutlich aus dem Blick. Achten Sie darauf, dass diese kurze Zeit später auch ihre Aufmerksamkeitsration bekommen.

Beamer, Leinwand & Co.

Je mehr Einfluss Sie auf die Raum- und Bühnenbeschaffenheit haben, desto besser. Gerade auch, wenn Sie mit elektronischen Medien präsentieren. Ich habe schon viele Präsentierende gesehen, die den Beamer gar nicht schnell genug anschalten konnten, um sich aus dem Blickwinkel zu ziehen und sich quasi hinter der Präsentation zu verstecken. In der Präsentorik verfolgen wir das entgegengesetzte Ziel. Nicht die Präsentation, sondern Sie stehen im Mittelpunkt. Die Zuhörer sollen Sie anschauen und nicht ununterbrochen Slides lesen und starr auf die Leinwand blicken. Körpersprachlich können Sie ohnehin nur wirken, wenn Sie sichtbar sind. Deswegen bieten sich für unterschiedliche Räumlichkeiten folgende Settings an:

Allen Settings gemeinsam ist, dass Ihre Blickrichtung immer den Zuhörern zugewandt ist und Sie sich mit Ihrer ganzen Körpervorderseite in Richtung Ihres Auditoriums orientieren. Dies gelingt am besten mit dem Setting 4. Für die Zuhörer reicht eine kleine Kopfbewegung, um von Ihnen zur Leinwand zu schwenken. Sie selbst schauen nie zur Leinwand und orientieren sich über einen Monitor (in den meisten Fällen wohl Ihr Notebook) über die Slides.

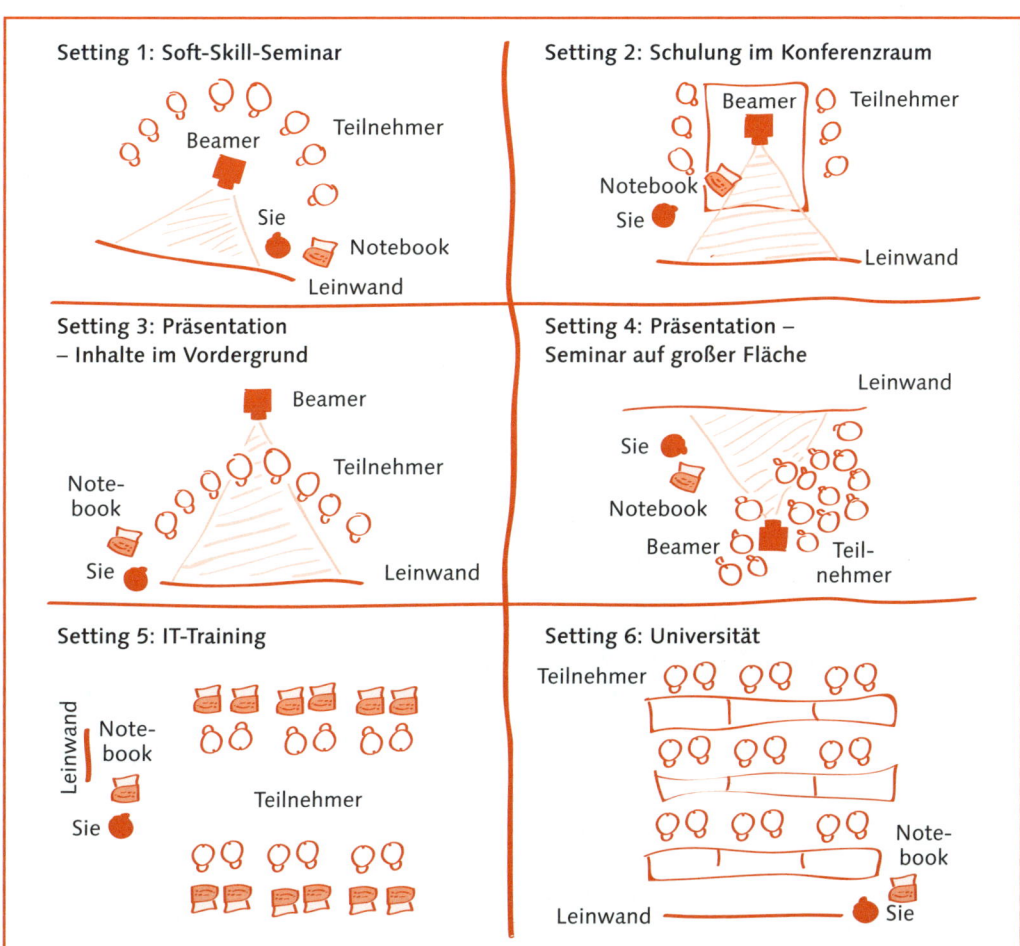

Präsentationssettings

6.4 Zur Stimme

Die Stimme ist so einzigartig wie ein Fingerabdruck. Eines jeden Stimme hat einen spezifischen Klang, eine Modulation oder Melodieführung, kommt in einer bestimmten Lautstärke daher und ist unterschiedlich belastbar. Laut Mehrabian ist unsere persönliche Wirkung zu über 38 Prozent von der Stimme abhängig. Da lohnt es sich, einmal genauer hinzuschauen. Tiefere und wärmere Stimmen werden in der Regel als angenehmer und vertrauenerweckender empfunden als hohe und gepresste Stimmen. Und wenn Sie mit der Wirkung Ihrer Stimme nicht wirklich einverstanden sind, gibt es eine gute Nachricht: **An der eigenen Stimme lässt sich arbeiten!**

Seien Sie sich bewusst, dass Ihre Stimme umso angespannter und gepresster, meist auch umso höher klingt, je angespannter Sie selbst sind und je stärker Sie Ihren Körper anspannen. Deswegen gehört ein großes Set körperlicher Entspannungs- und Lockerungsmethoden zum Alltag eines jeden Sängers. Erst wenn der Körper locker und „im Fluss" ist, wird die Stimme zum Instrument.

Als präsentierender Trainer und Dozent müssen Sie natürlich nicht vorsingen. Trotzdem haben Sie die Möglichkeit, Ihre Zuhörer mit Ihrer Stimme für sich einzunehmen. Das gelingt am besten, wenn Sie von Ihrem „Grundton" aus sprechen. Der Grundton, das ist der natürliche, Ihnen eigene Ton, von dem aus Sie bei einem entspannten Zwerchfell sprechen.

Wenn Sie wiederholt unter Heiserkeit leiden oder feststellen, dass Ihre Stimme in Seminaren, Vortrags- und Präsentationssituationen „dünn" wird, lohnt es sich, einen „Sprecherzieher", also Logopäden aufzusuchen. Er hilft Ihnen bei der Suche nach den Ursachen und Ihrem persönlichen Grundton. Diese sehr gut ausgebildeten Fachleute sind auf alle Fragen rund um die Sprach-, Sprech- und Stimmbildung spezialisiert und leisten so einen wichtigen Beitrag zur besseren Kommunikationsfähigkeit (Deutscher Bundesverband für Logopädie e.V. – www.dbl-ev.de).

Eine weichere Aussprache wird eher als angenehm empfunden als eine betont schärfere, klarere. Versuchen Sie nicht, übertrieben deutlich zu artikulieren, d.h. Laute zu formen.

Zur Kräftigung der eigenen Stimme und zur Verbesserung der Artikulationsfähigkeit gibt es ein ganzes Füllhorn von Möglichkeiten. „Der kleine Hey" ist der Klassiker zur Stimmschulung, Sie werden ihn in jeder größeren Buchhandlung finden.

Eine sehr pragmatische und überzeugende Übung habe ich vor Jahren bei N. Enkelmann gefunden. Dazu nehmen Sie die fünf deutschen Vokale in der Reihenfolge I – E – A – O – U und

- intonieren jeden Vokal jeweils einen Atemzug lang – damit trainieren Sie die Resonanzfähigkeit Ihrer Stimme – und
- intonieren einen Atemzug lang alle Vokale nacheinander – damit trainieren Sie Ihre Artikulationsschärfe.

Wiederholen Sie beide Übungen zwei- bis dreimal hintereinander, am besten stehend und am besten morgens, halten Sie das 21 Tage lang durch – und ich verspreche Ihnen eine signifikante Verbesserung Ihrer stimmlichen Wirkung.

Wenn es morgens nicht reicht, können Sie die Übung auch im Auto machen. Im Sitzen kann das Zwerchfell zwar nicht so gut atmen, doch funktioniert auch das. Nur in der Straßenbahn sollten Sie sich zurückhalten ...

Darüber hinaus haben sich folgende Tipps zur Sprechweise bewährt:

So sprechen Sie wirkungsvoll

- **Pausen** – das gekonnte Umgehen mit Pausen unterscheidet den Profi vom Amateur. Unter der Überschrift rhetorische Wirkungsmittel bohren wir diesen Punkt noch weiter auf. So viel vorab: Pausen sind angesagt, wenn Sie Spannung erzeugen wollen (der Gewinner ist – Pause – …) und wenn Sie einen Gedanken zu Ende geführt haben.

- **Lautstärke** – grundsätzlich geht es darum, die Lautstärke nach der konkreten Situation auszurichten, und als Daumenregel kann man hinzufügen: Lieber etwas lauter als zu leise sprechen. Doch Vorsicht: Wir wollen Sie nicht brüllen hören.

- **Tempo** – zu langsames Sprechen schläfert Ihre Zuhörer ein. Vermeiden Sie es, hastig zu werden, aber sprechen Sie lieber eine Idee zu schnell als zu langsam.

- **Modulation** – die gelingt am besten im unteren Drittel des Stimmumfangs; hier müssen Sie sich am wenigsten anstrengen. Viele Deutsche neigen hier leider zu einem sehr monotonen Stil (Gähn!). Achten Sie einmal darauf. Ein schöner und stimmiger Wechsel der Tonhöhe (auch der Lautstärke) erhöht die Aufmerksamkeit signifikant.

- **Artikulation** – deutlich sprechen, aber flüssig bleiben. Endungen mit „…er" überdeutlich zu betonen, wirkt künstlich (ich bin Lehra statt Lehrer), t-Endungen hingegen dürfen betont werden (nicht statt nich).

- **Nebenlaute** – „ähs" und „ehms" sind die meistgehörten. Und auch Menschen, die sehr viel öffentlich reden, sind nicht dagegen gefeit (vor allem: Edmund Stoiber). Im Grunde signalisieren sie, dass der Sprecher ein wenig Zeit zum Nachdenken braucht – deswegen ist eine kurze Pause die bessere Alternative.

- **Dialekt/Sprachfärbung** – regionale Sprachfärbungen wirken eher sympathisch (das Bayerische gilt als sexy, das Sächsische ist in dieser Hitparade auf den hinteren Rängen). Die Grenze ist dort, wo Ihre Teilnehmer Sie semantisch nicht mehr verstehen.

6.5   Auf den Punkt: So wirken Sie selbstsicher und kompetent

Es gibt Menschen, die wirken einfach selbstsicher und kompetent. Ihre Ausstrahlung ist unabhängig davon, ob die gesamte Vorstandsriege im Zuschauerraum sitzt oder „nur" die neuen Azubis, ob sie auf einem großen Podium präsentieren oder im überschaubaren Kollegenkreis.

Die Zuhörer gewinnen immer den Eindruck, der oder die versteht was von der Sache und kommt selbstsicher „rüber". Wieso gelingt das manchen Menschen, anderen dagegen nicht?

Diese Frage ist für viele – und natürlich für alle, die vorne stehen – außerordentlich interessant. Deswegen gibt es dazu auch eine umfangreiche Forschung mit zahlreichen Experimenten. So wurde mithilfe von Schauspielern beispielsweise getestet, wie unterschiedliche Outfits, konträre Körperhaltungen, Mimik, Gestik wirken. Es waren insgesamt mehr als 200 Items, anhand derer die Versuchspersonen Auskunft über die erzielte Wirkung geben sollten. Allesamt waren es Variationen dessen, was Sie unter der Überschrift „Auslöser für den ersten Eindruck" bereits kennen gelernt haben.

Unterm Strich wurden drei Punkte identifiziert, die für einen kompetenten und selbstsicheren Eindruck ausschlaggebend sind:

Ein offener, klarer Blickkontakt, ein fester Stand und eine deutliche, gut verständliche Stimme – das macht es aus, darauf kommt es an!

Was sagen Sie dazu? Das ist nicht viel, oder? Nein, es ist eher überraschend wenig. In der Regel reichen schon drei Seminartage aus, um diese Punkte überzeugend und selbstverständlich zu performen. Weniger reicht selten.

Ergänzen wir die Forschungsergebnisse um die Aussage der Mehrabian-Studie, wonach die Wirkung eines Menschen zum größten Teil von seiner Körpersprache abhängt, dann ließe sich daraus der Schluss ziehen, dass der Inhalt gar egal ist. Wir könnten also reden, was wir wollten, und würden trotzdem überzeugend wirken bei völliger Ahnungslosigkeit? Auch wenn wir artikulierte Luftblasen ablassen, verbalen Nonsens von uns geben – Hauptsache wir blicken klar, stehen fest und sprechen deutlich –, wären wir trotzdem nicht das, was man landläufig als „Dummschwätzer" bezeichnet?

Nein! Umgekehrt wird ein Schuh draus! Es kann sein, dass wir hochgradig kompetent sind, aber nicht über die präsentorischen Mittel verfügen, um mit dieser Kompetenz bei den Zuhörern anzukommen.

Auch wenn wir auf einer soliden Wissensbasis stehen und eine hinreichende Expertise vom Redegegenstand haben, sollten wir uns deswegen immer vergegenwärtigen: Es ist äußerst schwierig für Menschen, sich von den nicht-inhaltlichen Wirkfaktoren unabhängig zu machen. Sehr eindrücklich gezeigt haben dies kalifornische Sozialpsychologen am Beispiel der Schöffengerichtssprechung innerhalb der USA. Dort wurde nachgewiesen, dass Angeklagte, die im Äußeren den Mehrheitsvorstellungen von Attraktivität entsprechen, weniger hart bestraft werden als diejenigen, die eben nicht so attraktiv daherkommen.

Ob unsere Wirkung auf die Zuschauer selbstsicher und kompetent ist, hängt sehr vom Kontext ab. In einer Gruppe junger Computerfreaks zeugt es möglicherweise von besonderer Selbstsicherheit, auf dem Stuhl liegend und in einem kaum verständlichem Nuschelton, den Blick aufs Handy gerichtet, damit zu prahlen, wie es gelungen ist, den Sicherheitscode des Servers eines DAX-Unternehmens geknackt zu haben.

Für die meisten anderen Situationen – insbesondere im Berufsleben – gilt:

- **Blickkontakt:** Als ein zentraler Bestandteil der nonverbalen Kommunikation sollten Sie möglichst viele Ihrer Zuhörer mit einbeziehen. Denken Sie an die Knüppel, die diejenigen werfen, die sich nicht beachtet fühlen.
- **Stand:** Wenn Sie locker in den Knien und gleichzeitig fest auf beiden Füßen stehen, wirkt das entspannt und sicher. Findet Ihre Präsentation im Sitzen statt, halten Sie den Rücken gerade, nehmen Sie die ganze Sitzfläche ein und stellen Sie auch dabei beide Füße fest auf den Boden.
- **Stimme:** Sie ist und bleibt das wichtigste Medium bei einer Präsentation oder einem Vortrag. Deswegen sprechen Sie möglichst klar, deutlich, verständlich und behalten Luthers Leitlinie „Machs Maul auf!" im Hinterkopf. Blick und Stand sind übrigens Voraussetzungen dafür, dass Ihre Stimme auch das leisten kann, was sie soll. Blicken Sie Ihren Zuhörern in die Augen, dann wird Ihre Stimme auf „geradem Weg" zu den Ohren transportiert und nutzt die vorhandene Akustik bestmöglich aus. „Streck die Brust raus und halte dich gerade!" Erinnern Sie sich noch an den elterlichen Ratschlag? Mit Blick auf die stimmliche Entfaltung hatten sie Recht. Die gerade Körperhaltung sieht nicht nur besser aus, sondern sie verschafft uns auch mehr Luft. Stehen wir hingegen krumm und mit hängenden Schultern da, ist die Zwerchfellatmung behindert und die Sauerstoffversorgung eingeschränkt. Dann geht einem schnell die Puste aus. Wie soll man da noch kraftvoll sprechen?

Das Wichtigste in Kürze

- Unsere Körpersprache trägt zu einem wesentlichen Teil dazu bei, wie wir auf andere Menschen wirken. Passen der sprachliche Inhalt und der körperliche Ausdruck nicht zusammen, wird das als inkongruent empfunden und dadurch läuft selbst das beste Argument ins Leere. Besteht diese Diskrepanz, trägt eine Verbesserung der Körpersprache dazu bei, dass wir so wirken, wie wir das möchten.

- Einem Redner wird normalerweise ins Gesicht geschaut. An Ihrer Mimik erkennen die Zuhörer, wie Sie gefühlsmäßig zum Thema stehen. Vergessen Sie bei passender Gelegenheit nicht, auch einmal zu lächeln, und geben Sie möglichst vielen Zuhörern das Gefühl der persönlichen Ansprache, indem Sie sie ansehen.

- Mit Ihren Händen unterstützen Sie Ihre Rede. Der Trick dabei: Erst die Geste, dann das Wort.

- Sie erzielen eine vorteilhafte Wirkung, wenn Sie Ihre Bewegungen im Raum oder auf der Bühne körpersprachlich an Ihre Inhalte anpassen. Etwas Wichtiges präsentieren Sie im festen Stand. Abwechslung und Aufmerksamkeit erreichen Sie, indem Sie ein paar Schritte auf Ihr Publikum zugehen.

- Zwischen Menschen gibt es vier Distanzzonen. Sie haben die nonverbale Kompetenz, diese zu erkennen und die durchschnittlichen Entfernungen, die im westlichen Kulturkreis damit verbunden sind, einzuhalten. Dadurch bleiben Sie in der richtigen Distanz, um in einer guten Verbindung zu Ihren Zuhörern zu stehen. Und das bewahrt Sie auch davor, in engen Seminarräumen den Teilnehmern zu sehr „auf die Pelle" zu rücken.

- Das wichtigste Medium bei einer Präsentation ist Ihre Stimme. Ist sie nicht kräftig und artikulationsfähig genug, können Sie das leicht mit der Anleitung in Kapitel 6.4 üben. Auch die Art Ihrer Sprechweise hat großen Einfluss darauf, ob Ihre Zuhörer das als angenehm empfinden. Tipps dazu finden Sie ebenfalls in Kapitel 6.4.

- Es gibt Menschen, die wirken einfach selbstsicher und kompetent. Forschungen haben ergeben, dass es dafür auf drei Punkte ankommt: ein offener Blickkontakt, ein fester Stand und eine deutliche, gut verständliche Stimme.

7 Der erste Eindruck

Darum geht es:

Experten streiten darüber, ob es drei oder acht Sekunden dauert, bis sich der erste Eindruck gebildet hat. Ich persönlich glaube, dass drei Sekunden reichen – und schon liegt eine erste Einschätzung vor in Richtung eher „sympathisch", eher „neutral" oder eher „unsympathisch". Wobei manche meiner Kollegen sagen: „Wenn das Pendel nicht gleich in Richtung Sympathie schlägt, ist es direkt Antipathie."

Was den ersten Eindruck auslöst und wie wir ihn beeinflussen können, darum geht es in diesem Kapitel.

Das ist Ihr Nutzen:

- Sie erkennen Anschlussfähigkeit als wichtiges Kriterium für einen positiven ersten Eindruck.
- Sie sind sensibilisiert für all die kleinen und großen Bausteine, die auf den ersten Eindruck einwirken.
- Sie sehen, dass Ihre Einflussmöglichkeiten auf den ersten Eindruck beträchtlich und gering gleichzeitig sind.
- Sie lernen, dass und wie Ihre persönliche Verfassung auf den ersten Eindruck einwirkt, den andere auf Sie machen.

7.1 Wie er entsteht und sich verändert

Der erste Eindruck ist unvermeidbar – und nicht in Stein gemeißelt. Er kann sich verändern – und oft geschieht das ja auch. In Alltagsgesprächen hört man häufig Sätze wie: „Also am Anfang dachte ich: Was ist denn das für ein Schnösel. Aber im Laufe der Zeit habe ich dann doch gemerkt, dass er eigentlich ein ganz netter Kerl ist."

Gut, wenn wir so viel Zeit haben. Und in Seminaren und Workshops haben wir die ja in aller Regel. Auch wenn Sie Veranstaltungen leiten, in denen Sie sich wöchentlich oder vierzehntägig mit Ihren Teilnehmern treffen, haben Sie die Chance, mehr von Ihrer Persönlichkeit sichtbar zu machen, als das, was in den ersten Sekunden rüberkommen mag.

In Akquisitionsgesprächen haben wir diese zweite Chance nicht. Immer wenn wir unsere Gesprächspartner und Zuhörer aber nicht kennen, wir einen eher formalen und vielleicht auch seltenen Kontakt haben, gleichzeitig aber gut ankommen wollen und müssen, dann können wir uns durchaus fragen:

- Womit löse ich einen ersten Eindruck aus?
- Will und kann ich das beeinflussen?

• Und wenn ja, wie kann ich mich möglichst „anschlussfähig" geben, ohne mich den anderen anzudienen?

Anschlussfähig bedeutet so viel wie: Die anderen haben den Eindruck, die Art und Weise, wie ich mich gebe und das, was ich sage und tue, passt gut zu ihrer Organisation, ihrem beruflichen Alltag und ihrer Kultur, oder steht zumindest noch in enger Verbindung dazu, sodass es potenziell integrationsfähig ist. Ein gepiercter Punker in Ledermontur wird auf der Aktionärsversammlung einer Bank nicht anschlussfähig sein. Der gleiche Mensch ohne Piercings in zumindest halbwegs gepflegtem Outfit wahrscheinlich schon.

Lesen Sie weitere Hinweise zur Anschlussfähigkeit gerne auch noch einmal in Kapitel 3.2.1 nach.

Was also löst einen ersten Eindruck aus? Es geht zunächst einmal um **das persönliche Beziehungsangebot, das der andere macht** – und dann um die Frage, ob die Art und Weise, wie er sich gibt und verhält, in den Rahmen, in den Kontext passt.

Gehe ich z.B. auf eine Beerdigung und ein Trauergast steht da im sichtlich eine Wäsche benötigenden Casual-Dress und kaut dazu sehr ostentativ mit großen Kieferbewegungen und offenem Mund einen Kaugummi, haben die meisten von uns sehr schnell das Empfinden: Hier passt etwas nicht. Der erste Eindruck ist negativ und unsympathisch, der Mensch und sein Verhalten nicht anschlussfähig (es sei denn, wir mögen die Trauergemeinde nicht und halten die ganze Feier für eine Heuchelei).

Nehmen wir als weiteres Beispiel ein Treffen, zu dem ein Unternehmen seine externen Trainer und Dozenten eingeladen hat, um die aktuellen Weiterbildungspläne und Geschäftsprozesse vorzustellen und einen Ausblick auf die neue Strategie zu geben. Als Zeichen der Wertschätzung kommen die Trainer und Dozenten im Business-Dress, die Firmenrepräsentanten erscheinen sehr casual, „hängen" zudem mehr in den Stühlen, als dass sie sitzen, und geben überhaupt jede Menge weitere Signale in Richtung: Wir sind die Köche und ihr die Kellner. Die Weiterbildungsprofis werden sich nichts anmerken lassen. Es kann ja auch sein, dass sich trotzdem ein fachlich hochwertiger Austausch entwickelt. Und doch: Der erste Eindruck, „Für euch müssen wir uns nicht herausputzen", wird seine Spuren hinterlassen. Er wird in die Gesamtwahrnehmung einfließen und als Missachtung der eigenen Person oder des eigenen Unternehmens negativ in Erinnerung bleiben.

Manchmal löst die optische Erscheinung auch eine Assoziation aus und damit einen ersten Eindruck, für den der Mensch selbst nichts kann. Das kommt vor, wenn uns eine Person an jemanden erinnert, den wir kennen. Je nachdem, ob wir zu diesem Jemand in einer positiven oder negativen Beziehung stehen, färbt das auf den aktuell uns gegenübertretenden Menschen ab.

Aber erst wenn wir wissen, womit wir im Einzelnen zum Entstehen des ersten Eindrucks beitragen, können wir ihn auch beeinflussen. Nach der viel zitierten Studie des amerikanischen Psychologen, Professor Albert Mehrabian, ist der Inhalt der Worte nur zu sieben Prozent maßgeblich. Die restlichen 93 Prozent entfallen hingegen auf:

Das körperliche, äußere Erscheinungsbild
Dazu gehören:
* Körperbau und -größe, Körperspannung und -haltung (im Stehen wie im Sitzen), Muskulatur, Haut und Haare (Bart, Frisur)
* Mimik, Gestik, Blickkontakt
* Berührungen wie z.B. Händedruck
* räumliches Verhalten
* Kleidung und Schuhe
* Brille, Schmuck und weitere Accessoires
* Farben und Materialien

Die Sprache
* Grammatik (einfacher oder komplizierter Satzbau, Auslassungen etc.)
* lautliche Artikulation (Stimme), Tonfall, Tempo und Lautstärke
* regionale Sprachtönungen und Dialekte
* Inhalt, semantischer Gehalt einer Äußerung, Wortwahl und Ausdruck

Den Geruch
Parfum, Rasierwasser, Rauch-, Körper- und Nahrungsgerüche

Die Beziehung
* Das Beziehungsangebot, das körpersprachlich unterbreitet wird.
* Auch die Art und Weise, wie die Akteure zueinander stehen.
  Dabei kann die Beziehung funktionell durch die jeweiligen Rollen und hierarchischen Positionen geprägt sein. Sie kann auch persönlich geprägt sein, weil man schon intensiv miteinander gearbeitet hat oder sich eben überhaupt nicht kennt.

Der Kontext, die kulturellen Regeln und der Knigge
* Interaktionssequenzen: das, was vor und nach dem Kontakt passiert
* Umgebung, der Ort und letztlich auch die Zeit
* Mythen und Geschichten: Damit sind Geschichten gemeint, die in Organisationen erzählt werden, und die als Grundlage zur Deutung von Geschehnissen dienen können. Beispielsweise: Verkäufer sind nur auf unser Geld aus. Oder: Berater haben keine Ahnung.
* Kulturelle Muster: allgemeine kulturelle Werte, die von Land zu Land und von Firma zu Firma verschieden sind oder sein können und häufig einen nicht reflektierten Anteil an der Interpretation von Phänomenen haben (siehe die Geschichte von der Beerdigung weiter oben).

Alle diese Faktoren (und wahrscheinlich noch einige mehr) beeinflussen unsere Wahrnehmung und die Art und Weise, wie wir andere wahrnehmen. Und natürlich hat der erste Eindruck, den andere bei uns auslösen, auch etwas mit uns selbst zu tun: Wo kommen wir gerade her, wie geht es uns gerade und welche Erwartungen haben wir an die aktuelle Situation?

Innerhalb von Sekunden werden wir aufgrund unserer Körpersprache, anhand der äußeren Erscheinung und der anderen Wirkungsmittel in eine Schublade einsortiert. Häufig geschieht dies anhand der folgenden Skalierungen:

- eher freundlich und offen oder eher reserviert und verschlossen,
- eher aktiv oder eher passiv,
- eher selbstbewusst oder eher unsicher,
- eher verständnisvoll und interessiert oder eher nicht so interessiert an anderen.

Es reicht ein zu lascher Händedruck, fehlender Blickkontakt, eine starke Transpiration oder das Nachfragen bei fachlichen Allgemeinplätzen – die Chance auf einen ersten guten Eindruck ist vertan, wenn das Verhalten oder das Aussehen nicht den allgemeinen Vorstellungen entspricht. Entsprechendes Wissen hilft, sich bewusst auf eine Situation vorzubereiten.

Wer sich als Trainer oder Dozent z.B. ganz bestimmte Zielgruppen ausgewählt hat, tut gut daran, regelmäßig die gängigsten Fachzeitschriften seiner Zielgruppe zu lesen, um so auf dem neuesten Stand zu sein und zu demonstrieren: Ich kenne die Trends in eurer Branche.

Auch Äußerlichkeiten spielen eine Rolle. Beispielsweise gibt es in vielen Branchen bestimmte Kleidungserwartungen. Bei Banken oder Versicherungen signalisiert der klassische Anzug Seriosität. Sind Sie dagegen in Kreativkreisen unterwegs, gelten Sie im grauen Zweireiher schnell als langweilig oder sogar einfallslos.

Für mich geht es bei der Kleiderfrage weder darum, dass Sie uniformiert herumlaufen, noch sich ständig nach der neuesten Mode richten. Aber ob wir es wollen oder nicht:

Der erste Eindruck wird entscheidend durch das äußere Erscheinungsbild geprägt.

Und vermittelt dieses ein schlechtes oder unpassendes Bild, wird man Ihnen nicht die Aufmerksamkeit entgegenbringen, die Sie benötigen, um Ihre Inhalte eindrucksvoll Ihren Teilnehmern und Ihrem Publikum zu vermitteln. Darum muss es für den ein oder anderen kein Fehler sein, einmal zur Stilberatung zu gehen oder ein Seminar zu besuchen, in dem er ein vielseitiges Feedback zu seiner Erscheinung und zu seinem Auftreten bekommt. Denn es wäre doch schade, wenn Ihr persönlicher Stil Ihnen dabei im Wege steht, Menschen für sich und Ihre Inhalte zu gewinnen.

Können wir den ersten Eindruck bewusst steuern?

Ein Kollege von mir macht mehrtägige Seminare und hält dabei eine gestische Grundhaltung konsequent durch: Er hält die linke Hand zur Faust geballt ungefähr in Höhe des Bauchnabels. Damit will er seine Entschlossenheit demonstrieren und zum Ausdruck bringen, dass er der härteste Trainer Deutschlands ist.

Das kann man machen. Und es wird eine Menge Menschen geben, die das nicht als Entschlossenheit deuten, sondern sich eher bedroht fühlen und sich fragen, warum der Mensch so schlecht entspannen kann.

Vor Kurzem habe ich ein Lehrvideo gesehen. Während eines dreißigminütigen Vortrags stand der Redner vor einer Leinwand, auf der die Skyline einer westlichen Metropole nachgebildet war. Es hätte Frankfurt sein können, genauso gut aber auch Chicago oder New York. Im Vorspann zum Video sieht man ihn beim Einchecken eines Erster-Klasse-Lufthansa-Interkontinentalflugs und in Lobbys verschiedenster Fünf-Sterne-Hotels, natürlich immer mit dem Handy am Ohr und mit einem entspannten lächelnden Gesichtsausdruck.

Wir sehen hier den Versuch, mit Statussymbolen einen ersten Eindruck zu erwecken, der darauf abzielt, alles, was dieser Mensch sagt, als wichtig und bedeutungsvoll darzustellen. Und jetzt können selbst wir an den Lippen dieses wichtigen Menschen hängen und an seinem Erfolg teilhaben!

Bei all denen, die auf Heldensuche sind, mag das funktionieren. Auf viele andere wirkt das peinlich und affektiert.

Indem Sie das Umfeld gestalten, in dem Menschen Sie kennen lernen, oder indem Sie einzelne persönliche Wirkungsmittel in den Vordergrund stellen, wie eine zur Faust geballte Hand, eine Designerbrille, die Elton John alle Ehre machen würde, können Sie den ersten Eindruck in eine bestimmte Richtung lenken.

Sie können alle Titel, die Sie gesammelt haben, in der Ankündigung Ihrem Namen voranstellen und gleich zu Beginn über Ihre größten beruflichen Erfolge sprechen.

Wenn Sie Ihre Zuhörer damit manipulieren wollen, laufen solche Versuche sehr schnell aus dem Ruder. Denn die meisten Menschen reagieren höchst abweisend, wenn sie merken, dass sie verdeckt in eine bestimmte Richtung gelenkt werden.

Ein guter Selbstkontakt (ein gut aufgestelltes inneres Team), Interesse am Gegenüber, hohe Expertise und Begeisterung für Ihr Thema, ein stimmiges Outfit und eine gepflegte Erscheinung, ein ehrliches Lächeln und ein offener Blickkontakt scheinen im Businesskontext die besten Garanten für einen positiven ersten Eindruck zu sein.

Losgelöst davon bleibt der erste Eindruck extrem schwer steuerbar. Denn worauf unsere Gesprächspartner und Zuhörer ihre Aufmerksamkeit richten und welche

Bedeutung sie dem so Ausgewählten geben, das liegt nicht in unserer Hand. Doch das Wissen darüber lässt uns bewusster und hoffentlich auch ein wenig entspannter damit umgehen. Stehen wir zu unserem Stil, lassen wir die Deutungshoheit bei unseren Zuhörern und gehen wir interessiert bis neugierig damit um, was wir bei anderen auslösen!

Und: Wir haben die Möglichkeit, den negativen Deutungsrahmen unseres Handelns und unserer Erscheinung zu verkleinern, in dem wir Offensichtliches benennen. Wer ein vom Schmerz verzerrtes Gesicht zeigt, tut gut daran, die anderen über die Wurzelspitzenresektion zu informieren. Sonst könnten sie auf den Gedanken kommen, Ihre Mimik auf sich persönlich zu beziehen – und das wäre in diesem Fall sicher nicht positiv.

Lesen Sie auch noch einmal Kapitel 6 „Körpersprache" und das folgende Kapitel 8 zu „Ausstrahlung und Charisma". Dort finden Sie viele weitere Impulse, um „gut" und angemessen „rüberzukommen".

7.2 Im Fokus: Elevator-Pitch

„Elevator-Pitch" oder auch „Elevator-Speech" steht für eine sehr kurze Verkaufspräsentation. Die Ursprungsidee dahinter ist: Chefs, Einkäufer und Entscheider haben wenig Zeit. Wer es nicht schafft, diese in einem sehr kurzen Zeitfenster – also einer Fahrstuhlfahrt von 30 Sekunden – von sich selbst, seinen Produkten und Dienstleistung zu überzeugen, bekommt keine zweite Chance.

Der Elevator-Pitch ist ein hervorragendes Mittel, um beispielsweise auf Personalmessen und Kongressen kurze Kontakte bestmöglich zu nutzen. Damit das gelingt, machen Sie sich mit dem Markt sowie den Problemen Ihrer Zielgruppe vertraut und arbeiten heraus, worin Ihre Vorteile und Besonderheiten liegen.

Elevator-Pitchs kommen deswegen kurz und knackig daher – und bestehen aus maximal vier Phasen:

1. **Einleitung:** Eine kurze präzise Information.
2. **Spannung aufbauen:** Nach der ersten Information geht es darum, den anderen für Sie und Ihr Thema zu interessieren. Am besten mit einer Frage oder einer Metapher. Beschreiben Sie ein Problem oder den Schmerz Ihrer Kunden.
3. **Spannung auflösen:** Sagen Sie jetzt, wie Sie das Problem lösen – und welchen Nutzen Ihre Kunden von der Zusammenarbeit mit Ihnen haben.
4. **Folgeimpuls:** Schließen Sie mit einem Folgeimpuls, der es Ihnen zu einem anderen Zeitpunkt ermöglicht, in einen längeren Austausch mit Ihrem Gegenüber einzutreten.

Zwei Beispiele:

1. Ich bin Trainer für Mitarbeitergespräche.
2. Meine Kunden beschäftigt vor allem die Frage, wie sie auch kritische Themen so ansprechen können, dass kein Beziehungsporzellan zerbricht.

   Sicher wissen Sie, dass vor allem in Großkonzernen Teams mitunter sehr heterogen zusammengestellt sein können. Manchmal findet man zwei bis drei verschiedene Kulturen, immer aber sehr unterschiedliche Persönlichkeiten. Und jeder Mensch funktioniert nun einmal nach seiner ureigenen Gebrauchsanleitung.

   Und darin liegt für mich die Kunst einer erfolgreichen Gesprächsführung. Jeden Menschen in seiner Einzigartigkeit zu sehen und mich auf ihn einzustellen. Wenn das gelingt, kann ich auch schwierige Themen konstruktiv ansprechen.
3. Welche inneren Einstellungen und welche ganz konkreten Tools solch einen erfolgreichen Gesprächsverlauf wahrscheinlicher machen, das lernen die Teilnehmer in meinen Seminaren – an praktischen Beispielen aus ihrem Alltag.
4. Dazu habe ich übrigens das Buch „Direkt im Dialog" geschrieben. Wenn Sie mögen, lasse ich Ihnen gerne ein Exemplar da.

Oder:

1. Ich bin Trainer für Führungskräfteentwicklung.
2. Meine Kunden beschäftigt vor allem die Frage, wie sie den Rollenwechsel vom Mitarbeiter zur Führungskraft am besten hinkriegen – und zwar für alle Beteiligten.

   Denn nur weil jemand ein guter Fachmann, in seinem Fachgebiet möglicherweise sogar eine Koryphäe ist, muss er nicht automatisch ein guter Vorgesetzter sein. Dieses Phänomen kennen wir auch aus dem Sport: Diego Maradona etwa: Auf dem Platz ein Genie – an der Seitenlinie leider nur Durchschnitt. (Oder umgekehrt: Ottmar Hitzfeld und Jogi Löw.)
3. Zum Glück aber kann man lernen, eine gute Führungskraft zu werden. Dazu muss man drei Handlungsfelder ständig im Auge haben: Macht, Verständigung und Vertrauen.
4. Dazu habe ich in meinem letzten Infobrief einen kleinen Aufsatz geschrieben. Wenn Sie mögen, lasse ich Ihnen gerne ein Exemplar zukommen.

Das Wichtigste in Kürze

- Das von Ihnen ausgehende Beziehungsangebot stellt die ersten Weichen in Richtung Sympathie oder Antipathie.

- Auslöser für den ersten Eindruck kann darüber hinaus vieles sein: das körperliche und äußere Erscheinungsbild, Ihre Art zu sprechen, die Inhalte, olfaktorische und andere sinnliche Eindrücke sowie der ganze Kontext einschließlich der Be- oder Missachtung der kulturellen Regeln.

- Der erste Eindruck ist nicht in Stein gemeißelt, er verändert sich sowohl ins Positive wie ins Negative.

- Die Anschlussfähigkeit ist der größte Garant für einen positiven Eindruck, wirklich steuerbar ist der erste positive Eindruck nicht. Wichtige Anregungen bekommen Sie auch in den Kapiteln „Körpersprache" sowie „Charisma".

- Der beste Garant im beruflichen Umfeld für einen guten ersten Eindruck ist ehrliches Interesse an Ihrem Gegenüber, Expertise und Begeisterung für das Thema, ein stimmiges Outfit und ein offener, ehrlicher Blick.

- Mit dem Elevator-Pitch haben Sie ein Werkzeug in der Hand, um sich selbst und Ihre Produkte in kürzester Zeit eindrucksvoll zu präsentieren.

8 Charisma – Die eigene Ausstrahlung steigern

Darum geht es:

Im Kapitel „Körpersprache und Stimme" haben wir darauf geschaut, was Sie situativ unternehmen können, um Ihre Ausstrahlung und Präsenz zu erhöhen. Jetzt geht es darum, Ihre Ausstrahlung auf eine breitere Basis zu stellen.

Genauso wie jeder Mensch einen eigenen Fingerabdruck hat, den nur er und sonst niemand hat, ist auch jeder Mensch in seinem Inneren wie auch in seinem äußeren Ausdruck und seiner Ausstrahlung einmalig. Und: Ausstrahlung und Charisma müssen nicht an bestimmte persönliche Eigenschaften gebunden sein. Es gibt auch ein Charisma der Ziele und Visionen.

Das ist Ihr Nutzen:

- Sie lernen eine Definition von Charisma kennen, die diese Eigenschaft vom Nimbus des Unerreichbaren befreit.
- Sie setzen sich mit Ihrem persönlichen Profil auseinander und erlangen mehr Bewusstheit über Ihre Besonderheiten.
- Sie erkennen innere Ruhe und Gelassenheit als zentrale Wirkfaktoren für Charisma und Ausstrahlung und lernen Wege kennen, diese zu kultivieren.
- Sie lernen etwas über die Eigenschaften von charismatischen Handlungen (oder werden daran erinnert) – und darüber, warum ausgewählten öffentlichen und historischen Akteuren Charisma zugesprochen wird.
- Sie bekommen ein Fragen-Set an die Hand, mit dem Sie Ihr Charisma und Ihre Ausstrahlung steigern können.

8.1 Was genau ist Charisma?

Direkt übersetzt bedeutet Charisma „Gnadengabe", „aus Wohlwollen gespendete Gabe" oder auch „die von Gott dem Menschen geschenkten nichtmateriellen Güter". Diesen drei Erklärungen gemeinsam ist, dass uns das Charisma darin zugetragen wird und es sich unserer Einflussnahme entzieht. Wir nehmen es passiv entgegen. Der eine bekommt es, der andere nicht!?

Etwas freier übersetzt finden sich Erläuterungen wie: „Ausstrahlung einer Person" oder auch: „Fähigkeit, die Aufmerksamkeit auf sich zu lenken und zu halten" und auch „Anziehungskraft", „Magnetismus".

Charisma wird in unserer Tradition in Deutschland häufig gleichgesetzt mit etwas ganz Großem, fast Unerreichbaren. Charisma zugesprochen wird Gräueltätern wie Adolf Hitler oder Lichtgestalten wie John F. Kennedy oder Franz Beckenbauer.

Die zeitgenössischen Griechen machen es sich da wesentlich leichter und verstehen unter Charisma **das, was jeden Menschen auszeichnet.** Jeder Mensch für sich ist etwas Besonderes, hat in einer einzigartigen Mixtur bestimmte Anlagen, Fähigkeiten, Merkmale – und dieser besondere Mix, das ist sein Charisma.

Das Gefühl, etwas Besonderes zu sein, geht den meisten Menschen im Laufe der Zeit verloren – oder bekommt eine eher egoistische, überhebliche Note, bei der das Gefühl der eigenen Besonderheit immer mit einer Abwertung der anderen einhergeht und im Grunde meint: Ich bin etwas Besseres; auf jeden Fall aber besser als du.

Wenn ich hier von etwas Besonderem rede, dann meine ich damit auch das Bewusstsein dafür, dass es keineswegs selbstverständlich ist, auf diesem Planeten umherzuwandeln. Die Freude darüber, „dabei" zu sein – gepaart lieber mit einer Portion Demut oder Bescheidenheit als Überheblichkeit oder Stolz auf etwas, zu dem wir nichts dazukönnen.

Wo liegen Ihre Besonderheiten?

Weiter oben haben wir gesagt: Genauso wie jeder Mensch einen eigenen Fingerabdruck hat, den nur er und sonst niemand hat, ist auch jeder Mensch in seinem Inneren (und Äußeren) einmalig. Was ist das bei Ihnen?

Sie können die folgenden Fragen sowohl auf Ihr berufliches als auch auf Ihr privates Leben beziehen:

- Wodurch zeichnet sich Ihre Persönlichkeit aus?
- Was macht Ihr Leben lebenswert, was erfüllt es mit Sinn?
- Was waren die drei größten Erfolge – oder auch die drei schönsten Erlebnisse – in Ihrem Leben?
- Welche besonderen Fähigkeiten haben Sie?
- Was fällt Ihnen leicht? Was tun Sie am liebsten? Was können Sie am besten?
- Was schätzen andere Menschen besonders an Ihnen?

Wem wird Charisma nachgesagt?

Schauen wir doch einmal, welchen Menschen im positiven Sinne Charisma nachgesagt wird und überlegen, aus welchen Quellen sich dies speisen könnte.

In Gesprächen, die ich geführt habe, tauchten immer wieder dieselben Namen auf: US-Präsident Barack Obama, Bürgerrechtler Martin Luther King, Computer-Guru und Apple-Gründer Steve Jobs, Rocksängerin Tina Turner, die früheren deutschen Bundeskanzler Konrad Adenauer und Helmut Schmidt. Aber auch Religionsstifter wie Jesus Christus, Buddha und Mohammed und auch Menschen, die aus anderen Gründen eine besondere Bedeutung erlangt haben wie Mahatma Gandhi und Mutter Teresa.

Diese Liste erhebt keinen Anspruch auf Vollständigkeit, im Gegenteil, sie ist sehr subjektiv und mehr oder weniger zufällig zu Stande gekommen – und hätte ich andere Menschen gesprochen, würden wahrscheinlich auch andere Namen erwähnt. Allerdings erhebe ich mit diesen Überlegungen auch keinen Anspruch auf wissenschaftliche Überprüfbarkeit. Es geht eher darum, sich dem Phänomen „Charisma" anzunähern und daraus Schlüsse zu ziehen, die für den Alltag von Nutzen sind.

Werfen wir einen Blick auf die Religionsstifter und schauen stellvertretend auf Jesus von Nazareth. Wenn man den historischen Überlieferungen Glauben schenkt, hat er Dinge gesagt und getan, die seine Mitmenschen sehr beeindruckten, die ihnen Kraft, Hoffnung und Zuversicht gaben. Er hat anderen die Möglichkeit gegeben, sich mit seinen Worten und Werten zu identifizieren und letztlich die Grundlage für eine Glaubensgemeinschaft mit heute mehr als zwei Milliarden Anhängern gelegt.

Mit Mohammed und Buddha verhält es sich ähnlich, unbesehen davon, dass es in den Lehren und Religionen erhebliche Unterschiede gibt.

Barack Obama wurde besonders im Wahlkampf zu seiner ersten Präsidentschaft Charisma nachgesagt. Schaut man sich seine Auftritte genauer an, fällt auf, dass drei Aussagen sich regelmäßig wiederholen. Erstens: Er will die Bevorteilung einzelner ethnischer oder regionaler Gruppen beenden und ein Amerika für alle Amerikaner schaffen. Zweitens: Amerika soll in der Welt geachtet werden, aufgrund seiner Werte und nicht aufgrund seiner Waffen. Und drittens: der legendäre Spruch „Yes, we can!" Damit spricht er seinen Zuhörern Zutrauen in die eigenen Fähigkeiten zu.

„I have a dream", das war auch die populärste und wirkungsstärkste Rede Martin Luther Kings. Darin sprach er aus, was vielen auf dem Herzen lag und zeigte eine Vision auf, die besonders für die Schwarzen in den USA die Idee der klassenlosen Gesellschaft greifbar machte.

Steve Jobs und Bill Gates werden und wurden wohl von sehr viel konkreteren Visionen geleitet: Der eine wollte, dass möglichst viele Menschen auf der Erde die Computertechnologie – und sein Windows-System – nutzen können, der andere die bessere, einfachere und anspruchsvoller designte Technologie.

Tina Turner steht für starke Energie und Leidenschaft, für „Aus-dem Vollen-Schöpfen" und die Hingabe an eine Sache ebenso wie für die erfolgreiche Bewältigung von schweren persönlichen Umständen.

Mutter Teresa hat sich ganz in den Dienst der Armen gestellt und mit dieser gänzlichen Hingabe an die anderen wurde sie zu einem Vorbild für viele.

Für Gandhi war die Freiheit Indiens ein hoher Wert, dem er sein Leben verschrieben hat. Ebenso die Gewaltlosigkeit, denn mit Waffen erkämpfen wollte er die Freiheit nicht. Seine Werte und Ziele hat er so überzeugend gelebt, dass Millionen von Indern sich ihm anschlossen und die Engländer verloren gegen eine Macht, die nie eine Waffe gegen sie gerichtet hat.

Konrad Adenauer war von 1949 bis 1963 erster Bundeskanzler der Bundesrepublik Deutschland sowie von 1951 bis 1955 zugleich Bundesminister des Auswärtigen.

In dieser Stellung prägte er maßgeblich die politische Ausrichtung der Bundesrepublik in der Nachkriegszeit. Er setzte dabei auf eine Westbindung, verbunden mit der europäischen Einigung und mit der Eingliederung in das westliche Verteidigungsbündnis. Gegen starken Widerstand auch innerhalb der eigenen Partei setzte er das System der sozialen Marktwirtschaft durch. Er verfolgte aus seiner Prägung als rheinischer Katholik heraus und vor dem Hintergrund des Anspruches der Sowjetunion auf Weltherrschaft einen antikommunistischen Kurs.

Ein berühmter Wahlkampfslogan Adenauers lautete: „Keine Kompromisse!"

Es scheint, als hätte Adenauer klare Überzeugungen und klare Positionen gehabt. Er hatte ein deutliches markantes Profil. Ein Mensch mit Ecken und Kanten. Nicht immer bequem, aber: Wer ihn wählte, wusste, was er dafür bekam.

Helmut Schmidt war acht Jahre Bundeskanzler. Schon vorher hatte er sich den Ruf eines kompetenten Krisenmanagers erworben, vor allem durch sein entschlossenes Handeln während der Flutkatastrophe in Norddeutschland 1962. Nach seiner Kanzlerschaft wirkt er nun schon fast 30 Jahre als Publizist und Autor. Heute werden vor allem seine analytischen Fähigkeiten und seine profunden Kenntnisse über internationale Zusammenhänge geachtet und haben dazu geführt, dass ihm ein Wissenscharisma nachgesagt wird. Eine Type ist er ohnehin. Ohne Raucherlaubnis und Aschenbecher scheint er für keinen Auftritt zu gewinnen zu sein. Was das Publikum dazu sagt? Es ist ihm offensichtlich egal.

8.2 Faktoren, die Charisma auslösen

Auf einen allgemein gültigen Nenner gebracht, können wir bei den oben genannten Akteuren und ihren Handlungen folgende charismatische Merkmale und Faktoren ableiten:

- Von bestimmten Werten tief überzeugt sein und diese glaubhaft zu leben, zu vermitteln, zu ihnen zu stehen und ihnen auch bei großen Widerständen treu zu bleiben
- Zuversicht und Hoffnung haben und vermitteln – besonders in unsicheren Situationen
- Ziele, Sehnsüchte und Wünsche formulieren, die auch für andere attraktiv sind, denen sich viele anschließen können und mögen und Wege aufzeigen, wie diese erreicht werden können

- Vertrauen in die Fähigkeiten der anderen haben, Zutrauen in deren Fähigkeiten zu stärken
- Die Gabe zu haben, sich selbst zurückzunehmen und sich für etwas größeres Drittes zu engagieren
- Entschlossenes Handeln und Hingabe
- Neue Zusammenhänge erkennen, Verständnis und Durchblick vermitteln
- Ein klares markantes Profil entwickeln
- Ein Ruf, ein Image, das einem vorauseilt

Schauen Sie doch einmal auf Menschen in Ihrem persönlichen Umfeld, von deren Ausstrahlung Sie beeindruckt sind. Finden Sie da einige der oben genannten Aspekte wieder?

Auch Charisma ist kontextabhängig

Wenn Sie diese Liste durchgehen, stellen Sie fest, dass sowohl die Akteure als auch deren Ziele teilweise erheblicher Kritik ausgesetzt waren oder sind. Offensichtlich gibt es also kein allgemein gültiges Charisma. Charisma scheint wie alles andere auch an einen bestimmten Kontext gebunden zu sein – und kann wohl auch nur in einer besonderen Beziehung entstehen:

Charisma hat der, der es von anderen zugesprochen bekommt. Der, dem es gelingt, das in Worte zu fassen oder als Taten zu materialisieren, was anderen Hoffnung, Halt, Orientierung gibt – oder was andere schlicht und einfach sehr beeindruckt.

Wer Charisma hat, ist gleichzeitig Projektionsfläche für seine Mitmenschen. Wer einem anderen Charisma zuspricht, kann dann selbst auf die Anstrengung verzichten, die besonderen Qualitäten bei sich selbst auszubilden.

Der Charismatiker braucht die Bereitschaft der anderen, sich beeindrucken zu lassen. So wie eine Führungskraft nur dann erfolgreich sein kann, wenn die Mitarbeiter sich von ihr auch führen lassen wollen. Auch als Trainer und Dozent brauchen Sie die Bereitschaft Ihrer Teilnehmer und Zuhörer, Ihnen zuzuhören, Ihre Wissensangebote an sich heranzulassen, sie zu prüfen und sie ggf. zu übernehmen.

Erlebt man einen charismatischen Redner, Lehrer und Menschen dann einmal realiter bei ganz alltäglichen Verrichtungen, geht etwas von dem Glanz und Zauber verloren. Dann sehen wir: Aha. Auch nur Menschen.

Wie sieht der Kontext aus, in dem Sie Charisma entwickeln können?

Charisma durch Zielklarheit

Ein Mensch, der ein großes Ziel klar vor Augen hat und sein ganzes Handeln und Tun danach ausrichtet, fällt auf. Er fällt deswegen auf, weil das bei den wenigsten Menschen der Fall ist. Wenn wir ein klares Ziel mit Herzblut und Ausdauer verfolgen, ist es schwer, keinen Erfolg zu haben. Die Konzentration auf ein Ziel ist die Basis für einen großen Erfolg.

Charisma kann durch Ihre bloße Präsenz entstehen – und auch durch die Ziele, die Sie sich setzen.

Viele Ziele gleichzeitig zu verfolgen, heißt in der Regel, Mittelmäßigkeit zu erreichen.

- Haben Sie ein klares Ziel in Ihrem Leben? Eines, das Sie trägt und das Ihnen hilft, über den Alltagsstress und die Unebenheiten im Leben hinwegzuschauen?
- Haben Sie eine Vision davon, wie Sie leben und arbeiten wollen?
- Was bieten Sie Ihren Leuten an, wo ist die Klammer, der Schirm, unter dem sich die anderen zusammenfinden können?
- Welches sind die Werte, für die Sie mit Ihrer ganzen Persönlichkeit einstehen?
- Wo geben Sie Orientierung und Hoffnung?
- Woran erkennt man das in Ihrem täglichen Leben?

Wenn Sie ein solches Ziel klar vor Augen haben, können Sie in der Regel auch benennen, inwiefern Sie jede Präsentation, jeder Vortrag in Richtung auf Ihre Ziele weiterbringt.

Charisma-Faktoren: Ruhe und Gelassenheit

Menschen mit Visionen und klaren Zielen wirken von außen häufig in sich ruhend, umgeben von einer angenehmen Gelassenheit. Und damit einher geht schon einmal eine sehr wohltuende Ausstrahlung. Das ist auch wichtig, denn Hektik, Stress, Zweifel und innere Zerrissenheit sind Gift für Charisma und Ausstrahlung.

Für das „In-sich-Ruhen" und die Gelassenheit können wir eine ganze Menge tun – und das hat viel mit dem Selbstmanagement und der so genannten „Work-Life-Balance" zu tun. Damit soll jetzt kein Gegensatz zwischen Arbeiten und Leben postuliert werden. Wer sich in der Arbeit „voll erleben" kann, ist hier eindeutig im Vorteil. Gemeint ist eher ein Ausgleich zu all den Tätig- und Geschäftigkeiten, die nun einmal mit dem Arbeiten verbunden sind.

Das sind für manche die Aktivitäten mit der Familie und den Kindern oder das Hören ihrer Lieblingsmusik. Andere gehen in die Sauna, machen den Sport, der ihnen am meisten Spaß macht und genießen die Entspannung danach, umgeben sich mit den Menschen, die ihnen guttun etc. Auch die Klopfübungen und Freiraumtechniken aus den Kapiteln „Echtheit und persönliche Präsenz" sowie „Lampenfieber" lassen sich hier nutzen.

Viele Ratgeberbücher und Experten verweisen darüber hinaus auf folgende Möglichkeiten:

- Atemübungen und Meditation
- Alexandertechnik und Yoga
- autogenes Training und progressive Muskelentspannung

Zur Alexandertechnik und zum Yoga finden Sie in der Literaturliste Buchempfehlungen. Doch finden Sie – wenn Sie mögen – unabhängig davon für sich die Methode heraus, die Ihnen am besten zusagt und die es Ihnen ermöglicht, zu Ihren eigenen inneren Quellen zu kommen und Kraft aus sich heraus zu schöpfen. Auch dabei gilt: Übung macht den Meister. (Besser jeden Tag zehn Minuten, als alle 14 Tage zwei Stunden.)

Bei fast all diesen Übungen und Techniken kommt der **Konzentration auf den Atem** eine besondere Bedeutung zu. Wenn Sie mögen, können Sie das gleich einmal ausprobieren.

Wählen Sie einen Stuhl mit gerader Sitzfläche. Setzen Sie sich an den vorderen Rand, sodass der Rücken frei balanciert und beide Füße satt auf dem Boden ruhen können. Bewegen Sie die Beine nach innen und außen, bis Sie eine gute Position gefunden haben. Platzieren Sie die Hände auf den Oberschenkeln, sodass sich die Arme entspannen können.

Spüren Sie, wie Ihre Sitzhöcker sich niederlassen und die Wirbelsäule Ihren Kopf nach oben ausbalanciert. Erlauben Sie sich, zur Ruhe zu kommen – und Ihren Atem zu spüren. Beobachten Sie die Welle des Ein- und Ausatmens, wie Sie mit jedem Einatmen präsenter und mit jedem Ausatmen gelöster werden.

Wenn Sie möchten, verbinden Sie mit dem Ein- und Ausatmen folgende Gedanken:

„Einatmend bin ich präsent und ganz wach da,
ausatmend bin ich zutiefst gesammelt und klar."

Versuchen Sie, aufkommende Gedanken wieder loszulassen und konzentrieren Sie sich ganz auf Ihre Atmung.

Genießen Sie die Stille und Sammlung in sich selbst.

Auf diese Weise können Sie wenige Minuten oder bis zu einer halben Stunde verbringen. Sie werden merken, dass Sie innerlich zur Ruhe kommen und präsenter werden.

Die Ist-Analyse, was Sie auf diesen Feldern zu bieten haben, kann die Basis für einen Handlungsplan sein, der Ihr Charisma und Ihre Ausstrahlung erhöht.
Ruhe und Gelassenheit sind eine wichtige Charisma-Stütze.

9 Freie Rede oder Manuskript? – Dank Cicero reicht ein Stichwortzettel

Darum geht es:

Frei sprechen oder vom Blatt ablesen, das ist wie freihändig Rad zu fahren oder mit Stützrädern eine unglückliche Figur zu machen.

In diesem Kapitel möchten wir Sie dafür gewinnen, das Manuskript (immer öfter) aus der Hand zu legen. So können Sie Ihre Teilnehmer ansehen, Kontakt aufbauen und Reaktionen auf Ihren Vortrag wahrnehmen. Und Ihre Zuhörer werden es Ihnen in jedem Fall danken.

Das ist Ihr Nutzen:

- Sie lernen einen Weg kennen, mit dem Sie sich Schritt für Schritt zum frei sprechenden Trainer und Dozenten entwickeln können.

- Sie bekommen eine Vorlage für Spickzettel an die Hand, die Sie trotz aller Seminar- und Präsentationsaufregung lesen können.

- Sie lernen eine Methode kennen, mit der Sie sich Fakten und Zusammenhänge verlässlich einprägen können, um sie dann frei und souverän vorzutragen.

„Eine Rede abzulesen ist, wie ein Telefon zu küssen – es fehlt etwas."
(Jesse Jackson, amerikanischer Politiker und Präsidentschaftskandidat 1988)

Freie Rede oder Manuskript? Wer schon einmal den Unterschied zwischen einer frei gesprochenen und einer vom Manuskript abgelesenen Rede erlebt hat – am besten anhand von zwei kurz nacheinander gehaltenen Reden –, für den stellt sich die Frage nicht. Zu groß ist das Wirkungsgefälle zwischen beiden Formen. Hier ein (potenziell) präsenter, Kontakt zu den Zuhörern aufbauender Sprecher, dort ein geschriebene Sprache vorlesender Bürokrat.

Aufgrund von Lampenfiebermanagement, inhaltlicher Genauigkeit des Beitrags, Umfang der Lehrveranstaltung u.Ä. kann es gute Gründe geben, mit Manuskripten zu arbeiten oder auch aus ihnen vorzutragen. Auch soll die hier vorgetragene Position nicht als Dogma verstanden werden. Es gibt sicher auch Kontexte, in denen das Manuskript ebenso dazugehört wie die ernste Miene, mit der der Text dann vorgetragen wird, beispielsweise im Bundestag.

Und dennoch:

Alle Ausführungen zu Präsenz und Glaubwürdigkeit, Selbstsicherheit und Körpersprache lassen nur einen Schluss zu: Sprechen Sie frei!

Wann immer Sie eine wichtige Präsentation oder Rede halten, in der es auf Ihre persönliche Wirkung ankommt, sprechen Sie frei! Deutlicher können Sie sich nicht von anderen Akteuren und Kollegen absetzen – und zwar positiv.

Das heißt nicht, dass Sie ohne doppelten Boden arbeiten müssen. Wenn Sie im Seminar mit permanenten oder auch flüchtigen Medien arbeiten, haben Sie ehedem immer eine Gedankenstütze um sich herum. Sei es ein gestaltetes Flipchart, eine vorbereitete Pinnwand oder ein Kartensatz, den Sie während einer Präsentation „aus der Hand heraus" entwickeln. Bei der Arbeit mit PowerPoint-Programmen ab 2006 aufwärts steht Ihnen die Referentenfunktion zur Verfügung. Darin können Sie – unsichtbar für Ihre Teilnehmer – zu jedem Slide zusätzlichen Text, Erläuterungen und Hintergrund-Info unterbringen.

Und auch der klassische Spickzettel ist für die freie Rede erlaubt. Aber: Wenn Sie Spickzettel anfertigen, dann bitte richtig. Denn leider können die meisten Spickzettel von ihren Verfassern in der allgemeinen „Redeaufregung" nicht gelesen werden. Die Schrift ist zu klein, die Hände zittern, die Reihenfolge stimmt nicht mehr ... Deswegen lernen Sie gleich einen professionellen Spickzettel kennen, mit dem Sie in diese Fallen nicht hineintappen.

Vom Manuskript zum Stichwortzettel

In der Vorbereitung dürfen Sie gerne alles aufschreiben, wortwörtlich. Sie können jeden Satz ausformulieren, stilistisch an ihm herumfeilen, sprachliche Bilder und Pointen entwickeln, bis Sie hundertprozentig zufrieden sind.

Prüfen Sie, ob Sie all die Informationen und Zusammenhänge aufgenommen haben, die Ihnen wichtig sind.

Dann aber sollte eine Phase kommen, in der Sie sich
- vor Augen halten: Eine Präsentation ist kein Referat. Es geht weniger um die Frage: Was muss und kann ich alles noch hineinpacken? Es geht darum, was Sie noch weglassen können. Die Zuhörer merken sich zu viele Daten und Fakten ehedem nicht (dafür gibt es Hand-outs und Teilnehmerunterlagen) und werden sich eher darauf konzentrieren, wie Sie die Inhalte rüberbringen.
- peu à peu von dieser Vorlage lösen. Schreiben Sie sich Ihre Schlüsselgedanken auf, Kernpunkte, die Sie unter keinen Umständen vergessen wollen. Und lösen Sie sich in weiteren Schritten auch davon.

Wie das geht? Durch üben. Zum Zeitpunkt Ihrer ersten Präsentation sollten Sie diese mindestens schon drei Mal gehalten haben. In Ihrem Büro, im Auto, beim Joggen oder sonst wo. Keiner im Publikum, keiner Ihrer Teilnehmer sollte den Eindruck haben, dass Sie diesen Beitrag zum ersten Mal öffentlich vorstellen. Im Gegenteil: Sie präsentieren mit einer Selbstverständlichkeit, als hätten Sie in den letzten 20 Jahren nichts anderes gemacht.

Das mehrmalige Durchspielen Ihres Beitrags gibt Ihnen Sicherheit. Sie merken, wo es noch nicht rund läuft, an welchen Stellen Wirkungspausen angesagt sind und auch, ob Sie im zeitlichen Rahmen unterwegs sind.

9.1 Der professionelle Stichwortzettel

Am besten reduzieren Sie Ihr Manuskript auf Spickzettel nach folgendem Format: Der professionelle Stichwortzettel hat ein DIN-A5-Format. Sie halten ihn quer in der Hand, wenn Sie mögen, ist auf der Rückseite Ihr Logo aufgedruckt – auf jeden Fall ist er nur einseitig mit Ihren Notizen beschrieben. Haben Sie mehrere Stichwortzettel, sind sie durchnummeriert. Beobachten Sie doch einmal TV-Moderatoren. Sandra Maischberger, Anne Will, Günther Jauch und selbst lebende Legenden und Show-Dinosaurier wie Thomas Gottschalk bedienen sich dieses Formats.

In einem nächsten Schritt teilen Sie diese Vorlage in drei Zonen ein:
* Links und in der Mitte haben Sie Raum für Ihre Kerngedanken. Der erste Satz und Ihre Schlussbotschaft dürfen ausformuliert sein (für alle Fälle :-), ansonsten arbeiten Sie mit Stichworten.
* Oben rechts ist Fläche reserviert für Ihre „Performance-Big-Points",
* Blickkontakt halten, Pausen machen, körpersprachlich gliedern.
* Und rechts an den Rand schreiben Sie Zahlen, besondere Daten oder auch Zitate. Aber bitte in einer auffallenden Farbe, die sich auch von der abhebt, mit der Sie die Kerngedanken geschrieben haben.

Das könnte dann so aussehen:

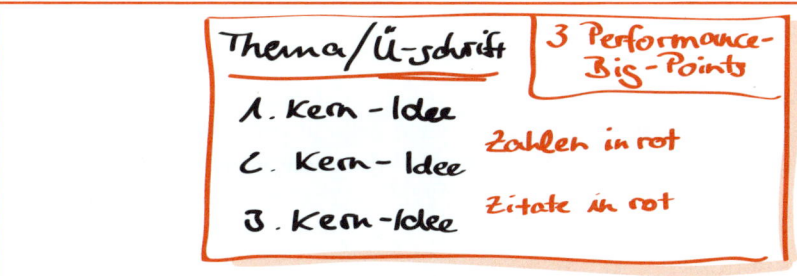

Wer einen Stichwortzettel in der Hand hat, ist eine Frage los: „Wohin mit den Händen?" – Das ist eine Frage, die immer wieder auftaucht, und in Kapitel 6 „Körpersprache und Stimme" finden Sie dazu eine Menge Anregungen.

Halten Sie einen Stichwortzettel, ist eine Hand schon einmal beschäftigt. Egal, wo Sie die „parken", in Hüfthöhe, lässig am Bein, vor der Brust – die andere Hand ist jetzt frei zum Gestikulieren. Fast automatisch kommen Sie so in eine „asymmetrische Gestik" (beide Arme/Hände führen unterschiedliche „Handlungen" aus) – und in den meisten Fällen sieht das sehr wirkungsvoll aus.

Wenn Sie die Stichwortkarten mit beiden Händen halten, denken Sie daran, sie nicht zu lange vor der Brust zu halten – das sieht schnell brav und steif aus.

9.2 Mnemo-Technik: Ciceros Haus

Dass die Rede und insbesondere die freie Rede in der Geschichte der zivilisierten Menschheit seit jeher eine bedeutende Rolle spielt, haben wir schon ausgeführt. Besondere Beachtung kommt dabei den Griechen in der Antike zu. Papier in allen Variationen oder gar elektronische Medien mit allen Möglichkeiten, die eigenen Merkfähigkeiten zu unterstützen oder zu ersetzen, waren damals nicht verfügbar. Stattdessen behalf man sich mit Papyrus und mit Wachstafeln. Beides ist sehr viel umständlicher zu handhaben, als wir das heute gewohnt sind.

Aus diesem Grunde waren die antiken Griechen (ähnliche Entwicklungen gab es vermutlich auch in China und anderswo) geradezu Weltmeister im Kultivieren der Gedächtniskunst und im Erfinden von Merkmethoden oder Mnemotechniken, wie wir heute sagen. Damit sind Eselsbrücken gemeint und alles, was es uns leichter macht, Inhalte verlässlich abzuspeichern. Kennen Sie das noch: „Drei, drei, drei, bei Issos Keilerei"? Der Reim ist eine sehr verlässliche Hilfe, aber auch Merksätze, Schemata und Grafiken gehören dazu – ebenso wie komplexe Systeme, mit denen wir uns ganze Geschichten und eben auch Präsentationen und Reden merken können.

Fast alle diese Systeme machen sich die Vorteile unseres bildhaften Vorstellungsvermögens zu Nutze (aber auch: Rhythmus, Musik etc.).

Eine von diesen Methoden möchte ich Ihnen jetzt vorstellen: Ciceros Haus.

Das Prinzip hinter „Ciceros Haus" ist: Sie gehen mental durch ein Ihnen bestens vertrautes Haus oder eine Ihnen bestens vertraute Wohnung und deponieren an markanten Stellen Symbole oder Stellvertreter der Inhalte, die Sie in Ihrer Rede benennen möchten.

Wie kann das praktisch funktionieren?
Betrachten wir das anhand eines Beispiels: Sie wollen einen Vortrag zum Thema „Lampenfieber" halten. Inhaltlich sind Ihnen dabei neun Punkte wichtig. Um – trotz freier Rede – keinen zu vergessen, legen Sie gedanklich diese neun Punkte an verschiedenen auffallenden Stellen Ihres Hauses ab. Diese für Sie gut einprägsamen Orte sind während Ihres Vortrags Ihre Gedankenstützen.

Damit Sie nicht durcheinanderkommen, bringen Sie die markanten Stellen in eine Reihenfolge, hier: von 1 bis 9 auf dem Grundriss auf der nächsten Seite.

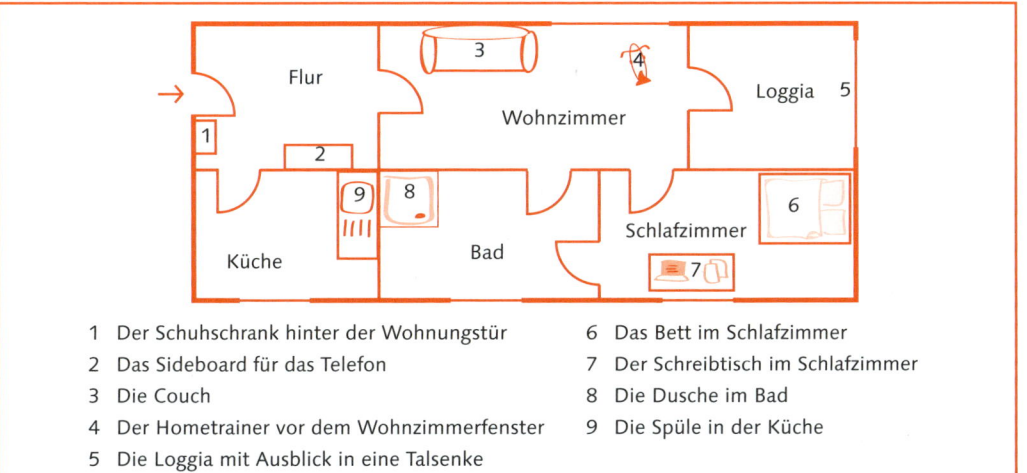

In „Ciceros Haus" komplexe Inhalte merkfähig machen

Gehen wir gemeinsam Schritt für Schritt diese einzelnen Stationen in Ihren Wohn-
räumen ab:

- **Station 1 „Schuhschrank":** Ihren Vortrag wollen Sie mit dem Zitat beginnen, dass
viele Menschen lieber im Grab liegen würden, als vor dem Grab zu stehen, um die
Trauerrede zu halten. Dazu stellen Sie sich bitte möglichst plastisch einen Friedhof
vor, ein frisch ausgehobenes Grab und einen Trauerredner in einem purpurroten
Umhang unmittelbar vor dem Grab. Diese Szene bilden Sie in Ihrer Vorstellung mit
kleinen Playmobil-Figuren ab und stellen das **Figuren-Ensemble auf den Schuhschrank** gleich hinter der Eingangstür.

- **Station 2 „Sideboard":** Reden zu Themen, die einem überhaupt nicht liegen oder
zu denen man so rein gar nichts zu sagen hat, kann man auch absagen – oder gar
nicht erst annehmen. Symbolisieren Sie dies durch ein laut klingendes und wild
auf dem Sideboard hüpfendes buntes Comic-Telefon, das aber leider nicht ab-
gehoben wird.

- **Station 3 „Couch":** Zitternde Knie sind ein typisches Merkmal von Lampenfieber
und viele Leute verstecken sich lieber, als sich vor andere hinzustellen, um eine
Rede zu halten. Um diesen Punkt bei Ihrer Präsentation nicht zu vergessen, stellen
Sie sich einen schlotternden Redner vor, vielleicht Colin Firth, den genialen Darstel-
ler des stotternden Königs George VI. aus dem Film „The King's Speech". Malen Sie
sich aus, wie er sich **auf Ihrem Sofa unter einer kuscheligen Decke versteckt**
und dabei am ganzen Leib vor lauter Aufregung zittert. Setzen Sie ihm gerne eine
überdimensionale Krone mit grell blitzenden Diamanten auf.

- **Station 4 „Hometrainer":** Ihre persönliche Motivation für den Vortrag „Lampenfieber" besteht darin, dass Sie einmal einen von Ihnen sehr geschätzten Vorgesetzten hatten, der aber eines nicht konnte: frei sprechen. Erinnern Sie sich deswegen

an eine besonders peinliche Situation Ihres Vorgesetzten. Beispielsweise als dessen Hände beim Trinken eines Glases Wasser so stark zitterten, dass er vom Rednerpult aus einer Dame in der ersten Reihe die Bluse nass spritzte. Hängen Sie dazu die **nasse Bluse über den Hometrainer** vor dem Wohnzimmerfenster.

- **Station 5 „Loggia":** Um Lampenfieber während der Vorbereitung abzumildern, kann es zwischendurch guttun, sich den Erfolg auszumalen. Stellen Sie sich deswegen vor, dass Sie **auf der Loggia stehend** eine Rede vor großem Publikum halten und die stehenden Ovationen nicht abebben ...

- **Station 6 „Bett":** In Ihrem Vortrag geben Sie Empfehlungen gegen Lampenfieber. Und da steht das Akzeptieren und Willkommen-Heißen an oberster Stelle. Stellen Sie sich dazu vor, wie sich der schlotternde König von Position 3 **auf dem Bett** langsam entspannt.

- **Station 7 „Schreibtisch":** Eine wichtige Erkenntnis möchten Sie Ihrem Publikum mit auf den Weg geben: „Wenn Sie innerlich ein bisschen nervös sind, sieht das kein Mensch." Malen Sie sich dazu die pizzagroßen Achselschweißflecken eines Kollegen aus, die aber kein Mensch sieht, weil er ein Sakko darüber trägt. Um sich daran zu erinnern, platzieren Sie die Büste Ihres Kollegen – mit Sakko – **direkt auf Ihrem Schreibtisch.**

- **Station 8 „Dusche":** Ein Tipp an Ihre Zuhörer: Reden Sie! Viele machen die Erfahrung, dass die Nervosität innerhalb der ersten Minuten vollkommen verschwindet. Damit Sie nicht vergessen, diesen Tipp weiterzugeben, stellen Sie sich einen Radiosprecher mit überdimensional großem Mund vor, der **in Ihrer Dusche** steht und ununterbrochen redet und redet und redet. Wie die Wassertröpfchen aus dem Duschkopf prasseln ihm die Worte aus dem Mund.

- **Station 9 „Spüle":** Üben, Üben, Üben – das passt gut in die Küche. Auch beim Kochen macht Übung den Meister. Oder ist Ihnen gleich beim ersten Versuch eine nicht geronnene Soße im Wasserbad, ein aufgegangener Hefeteig oder ein nicht zusammengefallenes Soufflé gelungen? Als Erinnerungshilfe spannen Sie in Ihrer Fantasie-Küche ein Banner zwischen **die Schränke über Herd und Spüle,** auf dem in altdeutschen Lettern das Motto steht: „exercitatio artem parat" (Übung macht den Meister).

Ciceros Haus ist eine hervorragende Methode, um sich auch komplexe Inhalte einzuprägen. Dabei darf gerne übertrieben und überzeichnet werden – je verrückter die Bilder sind, die Sie entwickeln (eine Angst einflößende Leiche, die aus dem Grab schlüpft, riesige zitternde Hände), je bunter und schriller es in Ihrer Fantasie aussieht, desto größer ist die Wahrscheinlichkeit, dass Sie sich erinnern und die Informationen abrufen können.

Eine Rede ist keine Schreibe. Reden ist Kino im Kopf. Je konkreter Sie die Bilder Ihrer Geschichte vor Ihrem „inneren Auge" sehen, desto zuverlässiger ist die Wiedererinnerung und desto lebendiger können Sie Ihre Geschichte beim Erzählen ausgestalten.

Das Wichtigste in Kürze

- Manuskripte sind gut für die Vorbereitung, wenn Sie sich peu à peu davon lösen, um am Ende frei zu sprechen.
- Eine Präsentation ist kein Referat – weniger ist meistens mehr; für notwendige Detailinformationen gibt es Dokumentationen, Booklets und Teilnehmerunterlagen.
- Der professionelle Stichwortzettel ist trotz aller Aufregung lesbar und unterstützt Sie sowohl inhaltlich als auch performativ.
- Eine asymmetrische Gestik (beide Arme/Hände führen unterschiedliche „Handlungen" aus) kommt professionell und wirkungsvoll daher.
- Mit der Merkmethode „Ciceros Haus" prägen Sie sich Fakten und Zusammenhänge verlässlich ein; wichtig dabei: alle Sinneskanäle benutzen, verrückt sein, übertreiben.

10 Lampenfieber – Die positive Seite nutzen

Darum geht es:

Lampenfieber ist auf der einen Seite erforderlich, um die nötigen Energien für einen Auftritt vor anderen freizusetzen. Gleichzeitig kann uns die damit verbundene innere Unruhe die positive Grundeinstellung und den Spaß an der Präsentation gründlich vermiesen. Lampenfieber lässt sich nicht vermeiden – aber es lässt sich in den Griff bekommen. Wie das funktionieren kann, erfahren Sie in diesem Kapitel.

Das ist Ihr Nutzen:

- Für Sie ist Lampenfieber eine normale Reaktion des Körpers vor und während eines Auftritts vor kleinem oder großem Publikum.
- Sie werden vertraut mit den guten und den schlechten Seiten des Lampenfiebers.
- Sie wissen, dass Ihre Zuhörer nur einen Bruchteil Ihres Lampenfiebers mitbekommen.
- Sie entwickeln Strategien, konstruktiv mit Lampenfieber umzugehen und bekommen bewährte Ratschläge, wie Sie vor und während einer Präsentation Lampenfieber handhaben und es beherrschbar machen.

„Die größte Angst des Menschen ist die, eine freie Rede zu halten.
Auf Platz Nr. 2 steht die Angst vor dem Tod."
Mark Twain

Rockstars und Showgrößen, die auf das Thema Lampenfieber angesprochen werden, sagen in aller Regel: „Ja, ich bin sehr aufgeregt! Jedes Mal! Auch noch nach all den Jahren – das geht nicht weg." Gleich hinterhergeschoben werden dann Sätze wie: „Aber das ist auch gut so. Wenn ich nicht mehr aufgeregt wäre, würde ich wahrscheinlich keine Bestleistung bringen und irgendwie wäre es dann auch langweilig."

Ob das jetzt immer stimmt – auch bei Leuten, die ihr Leben lang vor der Kamera stehen, weiß ich nicht. Was ich aber weiß, ist: Es deckt sich zu 100 Prozent mit meiner eigenen Erfahrung. Vor einer Rede, einem Vortrag, einer Präsentation – vor allem, wenn ich sie zum ersten Mal halte. Lampenfieber ist akuter Stress und äußert sich bei jedem Menschen ein wenig anders. Weit verbreitet sind Herzklopfen, Erröten, Zittern, zunehmende Reizbarkeit und Anspannung, Konzentrationsmangel und Vergesslichkeit.

Ich habe das Glück, dass es nach einigen Minuten vergeht. Nachdem ich mich „frei" gesprochen habe, sinkt der Puls, der Blutdruck auch, und das Geschehen nimmt seinen zumeist positiven Lauf.

Allen, denen es genauso geht, brauchen in meinen Augen dieses Kapitel nicht weiterzulesen. Denn sie scheinen erfolgreich mit dem Phänomen umzugehen.

10.1 Alle Scheinwerfer sind auf Sie gerichtet!

Das Wort Lampenfieber erinnert an die Situation auf der Bühne. Der Schauspieler steht dort, allein, alle Scheinwerfer sind auf ihn gerichtet, alle Augen schauen ihn an – er steht im Fokus der Aufmerksamkeit und wird je nach Situation von einigen wenigen bis zu vielen hundert oder sogar tausenden Menschen gleichzeitig beobachtet. Dass in einer solchen Situation die Körpertemperatur steigen kann, ist nur allzu verständlich.

Es ist eine gefährliche Situation: Alles, was wir jemals vor anderen verbergen wollten, könnte entdeckt werden. Sei es die große Nase, die kleinen Füße, der Faden, der sich am rechten Knopfloch gelöst hat, das nervöse Zucken am linken Ohrläppchen – alles kommt heraus.

Offensichtliche Mängel an der Garderobe, am Outfit sind dabei ein Thema. Persönliche Eigenschaften und Auffälligkeiten Ihrer Physiognomie ein anderes. Erstere lassen sich schnell beheben, zu weiteren gilt es zu stehen – auch wenn es für immer mehr Menschen attraktiv zu sein scheint, die Hilfe der plastischen Chirurgie in Anspruch zu nehmen.

Vertrautheit mit dem Thema überprüfen

Auch die fachliche Kompetenz kann einem hier zu schaffen machen: Stehe ich gut genug im Thema, bin ich hinreichend kompetent, kann ich auch knifflige Fragen souverän beantworten, hatte ich genügend Zeit zur Vorbereitung? Wie verankert sind die Inhalte in mir? Was ist mir persönlich an dem Thema wichtig?

Wer diese Fragen klar und – vor allem die geschlossenen Fragen – mit Ja beantworten kann, ist eindeutig im Vorteil.

Wer mit sich selbst im Reinen ist, zu seiner Kompetenz und auch zu seiner Unvollkommenheit steht, zu seiner Großartigkeit und zu seiner Begrenzung, ist klar im Vorteil. Insofern knüpfen wir hier nahtlos an die Ausführungen zum Thema Glaubwürdigkeit und Echtheit an.

Lassen Sie uns jetzt einmal etwas systematischer schauen:

- Was Lampenfieber genau ist,
- woran wir und andere es bemerken
- und wie wir damit umgehen können.

Was ist Lampenfieber?

Lampenfieber wird häufig mit Aufführungsangst gleichgesetzt. Es kann in der richtigen Dosis Geist und Körper anregen und unsere inneren Ressourcen aktivieren. Es kann aber auch außerordentlich störend sein, sich in eine große Angst vor dem Versagen steigern und die jeweiligen Akteure regelrecht blockieren.

Ich weiß von einigen, die sich an dieser Stelle mit Betablockern helfen. Sehe allerdings auch, dass dieses Ruhigstellen mit einer deutlichen Reduktion von persönlicher Präsenz und Ausstrahlung der Akteure einhergeht.

Persönlich glaube ich, dass man vor einer wichtigen Präsentation nachts auch mal wach werden darf. Mehr als einmal hatte ich in solchen Situationen wirklich gute Ideen, die mir bis dahin noch nicht eingefallen waren.

Wer allerdings von Angstattacken regelrecht geschüttelt wird, immer und immer wieder, sollte darüber mit anderen Menschen, einem Arzt oder Psychologen einmal sprechen und ergründen, was dahintersteckt.

Woran wir und andere es bemerken

Ich hatte einmal eine Kollegin, die bei jedem Auftritt vor neuen Gruppen ein nicht zu beeinflussendes Zittern in der Oberarmmuskulatur hatte – immer. Verständlicherweise war ihr das unangenehm und sobald es losging, spürte ich ihre erhöhte Nervosität. Irgendwann ist uns dann aber klar geworden, dass ich der Einzige war, der das Zittern wahrnehmen konnte, weil ich als Komoderator unmittelbar neben ihr stand. Alle anderen im Publikum bekamen dagegen nichts davon mit.

Und das ist die gute Nachricht:

Viele Symptome, die mit Lampenfieber verbunden sind, wie Herzklopfen, hoher Puls, heftige Transpiration, trockener Mund, feuchte Hände, Bauchschmerzen, Übelkeit, sind für Ihre Zuhörer nicht sichtbar.

Zumindest so lange nicht, bis Sie Ihr Sakko ausziehen, das die Schweißflecken unter Ihren Achseln bestens verdeckt hat, oder Sie jemandem aus dem Zuhörerkreis die Hand geben und der das Gefühl hat, ins Eisfach eines Kühlschranks zu greifen.

Die amerikanische Talkshow-Legende Richard „Dick" Cavett hat dazu einmal gesagt: „Sie sollten einfach wissen: Von dem, was Sie fühlen, sieht der Zuschauer nur ein Achtel. – Wenn Sie innerlich ein bisschen nervös sind, sieht das kein Mensch. – Wenn Sie innerlich sehr nervös sind, sehen Sie nach außen ein bisschen nervös aus. – Und wenn Sie innerlich total außer Kontrolle geraten sind, wirken Sie vielleicht ein wenig bekümmert. Nach außen dringt alles weit weniger krass, als Sie es selbst empfinden."

Recht hat er! Und dennoch: Mit dem Lampenfieber ist es wie mit vielen eher unangenehmen Dingen oder Erscheinungen: Am liebsten möchten wir sie gar nicht haben! Weg mit ihnen! Ausgesperrt und hinter Gittern wären sie uns am liebsten. Nur, weil das Lampenfieber vegetativ gesteuert ist, entzieht es sich unserer Kontrolle und lässt sich mit solch einfachen Lösungen meistens nicht beikommen.

Ich schlage Ihnen ausdrücklich einen anderen Weg vor:

Akzeptieren Sie Ihr Lampenfieber. Auch wenn Sie Lampenfieber haben, können Sie eine gute Präsentation halten! Auch mit Lampenfieber können Sie professionell handeln und souverän mit Fragen umgehen.

Ihr Körper stellt Ihnen die Energie zur Verfügung, die Sie für besondere Auftritte brauchen. Das Lampenfieber macht Sie wachsam und führt Ihnen das Besondere der Situation vor Augen.

Nach meiner Erfahrung gilt beim Lampenfieber wie beim Umgang mit schwierigen oder unangenehmen Gefühlen: sie anzunehmen. Bei allem, was wir unterdrücken, besteht die Gefahr, dass es an anderer Stelle umso heftiger ausbricht.

Wenn es Sie aufregt, dass ein Kollege zu Verabredungen mit Ihnen regelmäßig zu spät kommt, Sie sich diesen Unmut aber nicht anmerken lassen, kann es sein, dass Sie im nächsten Meeting regelrecht explodieren. Für den Kollegen ist das aus der aktuellen Situation heraus dann nur schwer verständlich ...

Wer sein Lampenfieber akzeptiert und willkommen heißt, muss keine Energie darauf verwenden, es zu unterdrücken.

Manche Redner strengen sich so sehr an, das Besondere der Situation und jede natürliche Regung zu verbergen, dass keinerlei positive Impulse mehr von ihnen rüberkommen.

Das innere Akzeptieren und Willkommen-Heißen ist ein wichtiger erster Schritt! Die Einsicht und nach einiger Zeit die Erfahrung, dass Sie auch mit Lampenfieber überzeugen können, ein zweiter. Und weitere Schritte können wie folgt aussehen:

Auch im Inneren Team gehört das Lampenfieber dazu

Mit dem Modell des „Inneren Teams", der Metapher Friedemann Schulz von Thuns für die Pluralität des menschlichen Innenlebens, haben wir uns schon in Kapitel 2.1 „Echtheit und persönliche Präsenz" beschäftigt. Kommen wir an dieser Stelle nochmals darauf zurück, denn das Innere Team ist ein wichtiger Aspekt, wenn wir unser Lampenfieber genauer ergründen wollen.

Schon Goethe sagte: „Zwei Seelen habe ich, ach, in meiner Brust" – so könnten auch viele Trainer und Dozenten vor einer Präsentation oder einem neuen Auftrag sagen: „Viele Seelen habe ich in meiner Brust!" Da ist die Freude, im Rampenlicht zu stehen, und auch die Angst, den roten Faden zu verlieren, da ist die Ruhe und Souveränität, die aus der fachlichen Kompetenz erwächst, und möglicherweise auch die Erinnerung an eine schwierige Veranstaltung, in der alle gegen einen zu sein schienen. Diese verschiedenen Seelen und Gefühle können wir auch als Ausdrucksformen der inneren Teammitglieder begreifen: das ist der fachlich kompetente Experte, der Angsthase, das gebrannte Kind und auch der Selbstdarsteller. Und vielleicht noch der ein oder andere mehr.

Wenn das Lampenfieber zu stark wird, haben der Angsthase und das gebrannte Kind die Oberhand gewonnen und belasten den Trainer und Dozenten. Auch wenn beide durchaus auch ihre positiven und wichtigen Aufgaben haben. So kann uns z.B. der innere Angsthase davor bewahren, uns zu wichtig zu nehmen, die Aufmerksamkeit der anderen als Ego-Futter zu missbrauchen, oder er sagt uns, dass wir mehr Zeit in die Vorbereitung investieren müssen.

Ehedem ist es mit dem Inneren Team wie mit einem äußeren Team: Alle Teammitglieder gehören dazu. Wer ausgegrenzt wird, findet einen Weg, es den anderen schwer zu machen – und sei es, dass er in den Untergrund geht und von dort Ihre Aktionen sabotiert. Das könnte etwa der Fall sein, wenn Ihr unterdrücktes Lampenfieber Sie dazu bringt, auf eine interessierte Zwischenfrage kurz angebunden und unfreundlich zu reagieren und damit die Beziehung zu den Zuhörern untergräbt.

Wohl dem, der dann erkennt: Ich bestehe nicht nur aus dem Angsthasen und dem gebrannten Kind. Sicher, beide sind Teil von mir – aber eben auch nur einzelne Teile und nicht mein ganzes Ich. Der fachlich Kompetente und der Selbstdarsteller gehören auch dazu.

Innere Antreiber füttern das Lampenfieber

Manchmal ist es auch so, dass wir uns unbewusst von bestimmten inneren Sätzen leiten lassen. Die Transaktionsanalyse spricht dabei von so genannten „Antreibern" – häufig sind das Botschaften, die wir von unseren Eltern oder anderen für uns wichtigen Personen aufgenommen und verinnerlicht haben. Zu den einflussreichsten zählen: Sei perfekt! Streng dich an! Mach es den anderen recht! Beeil dich!

Das kann beim Lampenfieber eine große Rolle spielen: Nämlich dann, wenn Sie sich innerlich unter Druck setzen mit Sätzen wie:
- Ich muss perfekt sein ...
- Andere mögen mich nur, wenn ich Spitzenleistungen bringe ...
- Ich muss der/die Beste sein – ich konkurriere mit allen anderen hier im Raum und darf deswegen keine Fehler machen und muss mich in allerhöchstem Maße anstrengen ...

Wenn solche inneren Sätze auftauchen, ist es zweckmäßig, Abstand zu gewinnen und von einer höheren Warte aus zu überprüfen, ob Sie sich davon leiten lassen wollen – oder ob es ebenso gut möglich wäre, mit ein wenig mehr Entspannung und Lockerheit in die Situation hineinzugehen.

Freiraum-Übungen

Die so genannten Freiraum-Übungen können eine wirksame Hilfe sein. In der Essenz geht es dabei darum, zwischen uns und unseren Belastungen und Problemen einen inneren Abstand zu gewinnen. Ein Abstand, aus dem heraus wir uns nicht mit unseren Sorgen identifizieren, kann es ermöglichen, wieder in Kontakt mit unseren Ressourcen zu kommen und die anstehenden Aufgaben besser und entspannter zu meistern.

Ausführliche Informationen dazu finden Sie in dem Buch „Entspannt und klar" von Susanne Kersig. Sie gibt dazu die Empfehlung, Gedanken und Gefühle als temporäre Phänomene zu sehen. „Das Gefühl bin nicht ich, es ist nur ein vorübergehender Teil von mir, der Gedanke bin nicht ich, er ist nur ein vorübergehender Teil von mir. Anstatt sich mit den Gefühlen und Gedanken zu identifizieren, nehmen Sie jetzt deren Auftreten und Verschwinden wahr. Sie sind mehr als die einzelnen Phänomene." (Kersig, 2009)

Lesen Sie dazu auch noch einmal in Kapitel 2.1 „Was tun bei Störgefühlen".

Eine weitere sehr hilfreiche Technik lautet:

„Einen guten Ort im Körper finden"

In dieser Übung spürt man aus einer entspannten Haltung heraus im Stehen oder Sitzen, wohlwollend und aufmerksam, in den eigenen Körper hinein, um eine Stelle zu finden, die sich jetzt, in diesem Augenblick, gut anfühlt. Das kann Ihr kleiner Zeh sein, der rechte Oberarm, die Gegend um den Bauchnabel herum, was auch immer. Probieren Sie, mit Ihrer Aufmerksamkeit an diesem Ort und diesem guten Gefühl zu bleiben und zur Ruhe zu kommen.

Damit haben Sie die Chance auf einen guten Selbstkontakt und entgehen der Lampenfieberfalle, in der Sie sich ausschließlich mit den Augen der anderen sehen.

Die dunkle Seite des Lampenfiebers

Lampenfieber kann uns daran hindern, Entwicklungsschritte zu machen. Das Lampenfieber zeigt an: Achtung! Wir verlassen unsere Komfortzone! Wir kommen in eine Situation, in der es etwas zu lernen gibt. Das kann schwierig und mit Hindernissen verbunden sein – und so ist es nun einmal beim Lernen. Deswegen habe ich eine Bitte an Sie: Lassen Sie sich von Ihrer Angst nur begrenzt leiten. Nehmen Sie sie durchaus ernst. Aber lassen Sie es sich von ihr nicht verbieten, vor anderen Menschen zu sprechen und die Möglichkeiten zu nutzen, die damit verbunden sind.

Lampenfieber lässt sich nicht vermeiden – aber es lässt sich in den Griff bekommen.

10.2 Wie Sie damit umgehen können –
vor und während Ihres Auftritts

Damit das gelingt, stelle ich Ihnen jetzt eine Reihe praktischer Tipps vor. Lassen Sie uns zunächst schauen, was Sie vor einem Auftritt unternehmen können:

Vor dem Auftritt, der Präsentation

- Akzeptieren Sie Ihr Lampenfieber und heißen Sie es willkommen!

- Praktizieren Sie die Präsenzübungen aus Kapitel 2.1.

- Seien Sie inhaltlich vorbereitet. Es hilft, sicher im Thema zu stehen. Halten Sie sich Ihr Ziel und Ihre Hauptbotschaft noch einmal vor Augen – und achten Sie darauf, dass Sie Ihre Message punktgenau – am besten in einem Satz – formulieren können.

- Notieren Sie Ihren ersten und letzten Satz wörtlich – für alle Fälle.

- Arbeiten Sie mit einer Eröffnung, die Ihnen allein beim „Daran-Denken" Freude bereitet.

- Holen Sie Informationen über Ihre Zuhörer ein: Wo drückt deren Schuh, welche Erfahrungen haben die Teilnehmer mit dem Thema und welche Erwartungen resultieren daraus für Sie?

- Von Spitzensportlern wissen wir, dass sie sich vor dem Start bewusst in einen „kraftvollen Zustand" versetzen. Sie denken an vergangene Erfolge, an ihre gute Vorbereitung, an Eigenschaften, die andere an ihnen mögen, an ihre Vorbilder. Nichts hält Sie davon ab, es genauso zu machen.

- Bereiten Sie Merkhilfen und Spickzettel vor. Falls Sie mit PowerPoint oder anderen elektronischen Präsentationsmedien arbeiten, nutzen Sie die Referentenfunktion als doppelten Boden oder Auffangnetz. Sie erlaubt es Ihnen, unterhalb eines jeden Slides, Text zu schreiben, der für Sie – und nur für Sie – sichtbar ist.

- Für wirklich wichtige Reden ist es sinnvoll, eine Textversion dabeizuhaben. Die lesen Sie vor, falls es zu einem völligen Black-out kommt (falls Sie dann noch lesen können ...).

- Machen Sie sich mit der Lokalität vertraut. Den Raum zu kennen, ist von Vorteil. Je mehr Einfluss Sie auf das Setting haben, desto besser: Wie sind die Stühle aufgestellt, wie die Tische (brauchen Sie Tische?), wo ist die Bühne, brauchen Sie eine Bühne ...?

- Wählen Sie eine Garderobe, in der Sie sich wohlfühlen. Der noch sehr steife Kragen des neuen Hemds und die nicht eingetragenen neuen Schuhe mögen sehr gut aussehen – wichtiger ist, dass Sie sich gut fühlen. Manchen hilft auch ein Handschmeichler oder ein Talisman, ein Anker, den Sie lediglich berühren oder an den Sie denken und dadurch positive Gefühle erzeugen.

- Aus der Stressforschung wissen wir, dass Ausdauersport hilft, Adrenalin abzubauen. Mit dem Joggen am Abend davor oder dem Besuch im Fitnessstudio machen Sie sich diesen Effekt zu Nutze. Auch eine wirklich schlechte Stimmung kann sich dabei aufhellen. Das ist kein Wunder, denn die dabei vom Körper selbst entwickelten Endorphine wirken wie Antidepressiva.

Während des Auftritts, der Präsentation

- Auch hier gilt: Akzeptieren Sie Ihr Lampenfieber und heißen Sie es willkommen!

- Konzentrieren Sie sich auf Ihre Atmung. Viele neigen dazu, den Kontakt zu sich selbst zu verlieren, weil sie es unbedingt den anderen recht machen wollen. Die Konzentration auf die eigene Atmung, wie wir es im Kapitel „Charisma – Die eigene Ausstrahlung steigern" beschreiben, kann Sie schnell wieder zu einer inneren Sammlung führen und das Lampenfieber senken.

- Lächeln Sie! Auch wenn Sie das Gefühl haben, Sie gehen zum Schafott. Übrigens sind Sie dabei in guter Gesellschaft. Schließlich heißt es überspitzt nicht umsonst: „Viele Trauerredner würden lieber im Sarg liegen, als davorstehen und die Rede zu halten."

- Verschaffen Sie sich eine kurze Pause, indem Sie einen Schluck Wasser trinken.

- Suchen Sie sich Sympathieträger und halten Sie den Blickkontakt zu ihnen.

- Bauen Sie interaktive Elemente wie die Murmel-Gruppe u.Ä. ein. So haben Sie immer wieder Zeit, zwischendurch ein wenig zu entspannen.

- Wenn Sie sich nicht wohlfühlen an Ihrem Platz, wechseln Sie den Standort und suchen Sie sich einen besseren und „unverseuchten" Platz.

- Probieren Sie, Spaß zu haben. Vor einigen Jahren wurde ich zu einem neunzig-minütigen Vortrag gebucht. Und weil es ein Angebot war, das ich nicht ablehnen konnte, habe ich meine Bedenken über die sicherlich zu lange Redezeit über Bord geworfen. Im ersten Teil der Rede ist es mir nicht gelungen, die Zuhörer für das Thema und für mich einzunehmen.

  Als ich innerlich schon recht verzweifelt war, habe ich mich daran erinnert, wie sehr ich in der Vorbereitung von meinen Themen und dem Aufbau der Rede begeistert war und sagte mir dann: „Also gut. Wenn ihr schon keinen Spaß habt, dann will wenigstens ich in den nächsten 45 Minuten eine gute Zeit haben" – und siehe da: das Blatt wendete sich und (fast) alle haben zufrieden den Saal verlassen.

- Freuen Sie sich: Hat es erst einmal angefangen, ist es bald auch schon vorbei.

Das Wichtigste in Kürze

- Lampenfieber kann Energien freisetzen und schlaflose Nächte bereiten. Akzeptanz und Anerkennen sind erste Schritte in Richtung eines konstruktiven Umgangs.

- Von dem, was Sie fühlen, sehen die Zuhörer nur ein Achtel. Selbst wenn Sie innerlich völlig aus dem Ruder laufen, wirken Sie nach außen höchstens ein wenig bekümmert.

- Häufig sind innere Antreiber („Ich muss der Beste sein!") und Perfektionismus die Quelle des Lampenfiebers. Wir können uns solche Glaubenssätze bewusst machen und somit freier werden.

- Lampenfieber lässt sich nicht vermeiden – aber es lässt sich in den Griff bekommen. Lassen Sie sich durch Lampenfieber nicht die Chancen nehmen, die mit dem Sprechen vor anderen verbunden sind.

11 Wenn die Präsentation zum Dialog wird – Geschickter Umgang mit Zuhörerfragen

Darum geht es:

In Kapitel 4 „Der Masterplan für eine gelingende Präsentation" haben wir uns besonders mit Ihnen – dem Dozenten, Trainer, dem Präsentierenden und Vortragenden – beschäftigt. Im Zentrum stand die Frage, wie es Ihnen gelingt, Ihren Beitrag möglichst gut aufzubauen und „rüberzubringen".

Diese Betrachtungsweise wollen wir nun erweitern, denn in den allermeisten Fällen werden sich auch Ihre Zuhörer und Teilnehmer zu Wort melden – und das ist auch gut so. Schließlich haben wir immer wieder betont, wie wichtig es ist, Ihre Zuhörer einzubinden. Darauf sollten Sie sich vorbereiten. Denn je nachdem, wie gut oder schlecht Sie mit Fragen, Einwänden und Zwischenrufen umgehen, kann das die Wirkung Ihres Beitrags schmälern und Sie unprofessionell aussehen lassen – oder Ihre Kompetenz eindrücklich unterstreichen.

Das ist Ihr Nutzen:

- Sie sind auf Fragen und Einwände vorbereitet.
- Sie erwarten Zuhörerreaktionen freudig und planen deswegen bereits in der Vorbereitung einen Zeitpuffer dafür ein. So kommen Sie zeitlich nicht unter Druck.
- Sie legen gleich zu Beginn die Spielregeln für den Umgang mit Fragen fest und verweisen bei Bedarf während des Vortrags darauf.
- Da Sie das Ziel – Ihren Kompass – deutlich vor Augen haben, fällt es Ihnen während der Präsentation leicht zu entscheiden, ob die Beantwortung einer Frage zielführend ist oder zu weit vom Thema wegführt.
- Sie gehen mit Fragen, Einwänden und Zwischenrufen gelassen um, da Sie unterschiedliche Reaktionstechniken kennen und beherrschen.

Fragen und Zwischenrufe – selbst Einwände – sind zunächst einmal ein positives Zeichen – **Ihre Zuhörer sind wach, sie reagieren auf Sie!** Und: An den Fragen und Zwischenrufen merken Sie, ob sie Ihnen auch zuhören.

Dabei wird deutlich: So hundertprozentig monologisch, wie manche Menschen denken, ist die präsentorische Situation gar nicht – und sollte es auch nicht sein. Obschon Sie reden und die anderen (hoffentlich) zuhören, gibt es doch in den meisten Vorträgen und Präsentationen kurze Interaktionssequenzen, die uns als Vortragende noch einmal ganz anders fordern. Denn: Inhalte glaubwürdig und überzeugend darzustellen und sich selbst in ein möglichst gutes Licht zu rücken, ist das eine. Souverän und stimmig mit Fragen und Zwischenrufen umzugehen – und selbst auch „gute" Fragen zu stellen –, ist das andere.

Mit Fragen und Zwischenrufen ist häufig eine gewisse Unsicherheit verbunden: „Werde ich die Fragen beantworten können? Was mache ich, wenn ein Fragesteller sich nur selbst profilieren möchte? Wie gehe ich mit unfairen Zwischenrufen um und was mache ich, wenn mich jemand der Inkompetenz bezichtigt?"

Das sind nur einige Aspekte, die Trainer und Dozenten und Vortragende allgemein bei diesem Thema beschäftigen können. Sehr zu Recht, wie ich finde. Denn all diese Situationen können natürlich auftreten. Hier taucht auch wieder das Prinzip der doppelten Kontingenz auf: Wir wissen nicht, wie unsere Zuhörer und Teilnehmerinnen auf das reagieren, was wir sagen – und wir wissen auch nicht, wie wir auf die Reaktionen unserer Zuhörer reagieren. Da ist viel Unsicherheit im Spiel und je eher wir uns damit anfreunden, desto besser. Wir können eine komplexe soziale Situation nicht vorhersagen und nicht „unter Kontrolle" halten.

Ebenso wenig können wir vorhersagen, wie das Lernen oder der Lernprozess bei den einzelnen Teilnehmern verläuft. Wie die Teilnehmer unseren Input verarbeiten, welche Ideen und Gedanken durch das Verknüpfen von unseren Angeboten mit ihrer „inneren Landkarte" entstehen, ist nicht vorhersehbar. Der Wissenserwerb ist dynamisch, er befindet sich in einem ständigen Auf- und Umbau, und dabei können natürlich viele Fragen und auch Einwände auftauchen.

Es kann (oder besser: sollte) also immer etwas passieren, womit wir nicht rechnen, und deswegen ist es aus meiner Sicht sinnvoll, genau damit zu rechnen. Und dafür auch Zeitfenster einzuplanen. Häufig sind die kurzen Einwürfe und Interaktionsepsioden Schlüsselstellen für den Lernprozess und das „Salz in der Suppe" einer Präsentation oder eines Vortrags – erlauben Sie sich dafür einige Minuten Zeitpuffer.

Stellen Sie sich mental darauf ein, dass Fragen – auch unangenehme Fragen –, Zwischenrufe und unvorhersehbare Situationen eintreten werden. Zwischenrufe und Fragen dürfen also sein. Es gilt das Gleiche wie beim Lampenfieber: Heißen Sie sie willkommen!

Fragen und Zwischenrufe, was ist da eigentlich der Unterschied?

So wie wir es hier verstehen, sind **Fragen eher ein Interesse und Verständnis signalisierendes Mittel – also eher konstruktiv.**

Zwischenrufe können in die ähnliche Richtung gehen. Haben jedoch ein größeres provozierendes Potenzial, und können deswegen auch leichter als destruktiv wahrgenommen werden.

Allerdings wäre die Gleichung: „Fragen = gut und Zwischenrufe = schlecht" zu einfach.

Denn auch in einer Frage kann ja eine Menge Konfliktpotenzial liegen, wie es in folgendem Beispiel deutlich wird:

„Sagen Sie: Sind das jetzt Ihre eigenen Erfahrungen oder haben Sie das in irgendwelchen Büchern gelesen?"

Ich empfehle Ihnen, die innere Bewertung, ob eine Frage oder ein Zwischenruf jetzt konstruktive oder destruktive Motive oder Implikationen hat, möglichst weit nach hinten zu stellen – und zunächst einmal interessiert oder auch überrascht zu reagieren.

Das könnte im obigen Beispiel eine Bemerkung sein wie:
- „Die Tonlage in Ihrer Frage überrascht mich ein wenig – und ich möchte gern darauf eingehen ..."
- „Ihnen scheint es wichtig zu sein, hier nicht theoretisches Wissen präsentiert zu bekommen, sondern etwas über konkrete Erfahrungen zu hören – richtig? ...
- Da habe ich eine gute Neuigkeit für Sie. Sie sind hier richtig."

Doch bevor wir uns gleich mit Angriffen beschäftigen, lassen Sie uns einmal im Überblick schauen, wie wir auf Fragen reagieren können.

11.1 Wie Sie auf Fragen reagieren können

Machen Sie möglichst frühzeitig klar, wie Sie mit Fragen umgehen wollen:
„Falls Sie Verständnisfragen haben, bitte ich Sie, diese sofort zu stellen. Fragen von eher grundsätzlicher Natur, z.B. ob es Sinn macht, sich überhaupt ausführlich mit diesem Thema zu beschäftigen, bitte ich Sie, zunächst zurückzustellen. Denn da könnte es sein, dass sich das ein oder andere bereits in meinem Vortrag beantwortet. Spontane Begeisterungsausbrüche sind jederzeit willkommen."

Der Kompass, der Ihnen sagt, wie intensiv Sie sich mit einer Frage beschäftigen wollen, ist Ihr Ziel und Ihr Auftrag. Wenn Sie dem Masterplan folgen, haben Sie das gleich zu Anfang Ihrer Präsentation transparent gemacht. Gehört die Frage zum Thema, unterstützt sie Ihr Ziel, gehen Sie darauf ein. Ist das nicht der Fall, verweisen Sie auf Ihren Auftrag. Möchten Sie trotzdem darauf eingehen, holen Sie sich das Okay von Ihren Zuhörern. Gerät Ihr Zeitplan dann außer Fugen, machen Sie das transparent und entscheiden, ob Sie bereit sind, an Ihrem Ursprungsziel Abstriche vorzunehmen.

Mit den folgenden Techniken entwickeln Sie einen souveränen Umgang mit Fragen:
- **Wiederholen Sie die Frage** – besonders in größerer Runde ist das sinnvoll. So stellen Sie sicher, dass jeder die Frage richtig verstanden hat. Auch für Sie selbst bringt das Wiederholen Vorteile:
  - ▶ Sie stellen sicher, dass Sie selbst die Frage inhaltlich richtig verstanden haben.
  - ▶ Sie gewinnen Zeit, um über die Frage nachzudenken.

- **Beantworten Sie die Frage.** Besonders bei „einfachen" Fragen wie Verständnisfragen ist das das Mittel der Wahl. Können Sie die Frage nicht beantworten, ist das auch kein Beinbruch: Nobody is perfect. Jetzt haben Sie folgende Möglichkeiten:
  - Fragen Sie, ob im Zuhörerkreis jemand die Frage beantworten kann.
  - Bieten Sie Quellen an, wo der Fragesteller die Antwort finden wird.
  - Kündigen Sie an, sich schlauzumachen und dem Fragesteller die Antwort später mitzuteilen.
- **Erkundigen Sie sich nach dem Hintergrund der Frage.**
  - „Ich habe den Hintergrund Ihrer Frage noch nicht verstanden."
  - Auch möglich: „Bitte helfen Sie mir auf die Sprünge: Wo ist der Zusammenhang zu unserem Thema?"
  - „Das ist ja ein interessanter und zugegebenermaßen unerwarteter Aspekt. Sagen Sie, wie sind Sie darauf gekommen?"
- **Stellen Sie eine Gegenfrage.** Fragt ein Zuhörer also z.B.: „Warum sollten wir das tun?" – fragen Sie: „Warum nicht?"
- **Leiten Sie die Frage an die Zuhörer weiter:**
  - „Was meinen die anderen dazu?"
  - „Wer von Ihnen hat eine Idee zu dieser Frage?"
  - „Wie würden Sie diese Frage beantworten?"
- **Notieren Sie die Frage und gehen Sie später darauf ein.** Variante: Bitten Sie den Fragesteller, die Frage aufzuschreiben oder sich zu merken, damit Sie später darauf eingehen können.
- **Erinnern Sie an die eingangs eingeführte Spielregel,** über Verständnisfragen hinausgehende Fragen im Anschluss an Ihren Vortrag zu behandeln.
- **Appellieren Sie an Ihre Zuhörer, Ihnen die Gelegenheit zu geben, den ganzen Bogen zu spannen,** weil sich dann erfahrungsgemäß viele Antworten von selbst ergeben.
- **Neutralisieren Sie die Frage:**
  - „Das ist eine spannende Frage, die unser Themengebiet auch berührt. Allerdings haben wir heute einen anderen Schwerpunkt verabredet. Deswegen lade ich Sie ein, Ihre Frage im Anschluss mit mir persönlich zu diskutieren."
  - „Ihre Frage weist auf Zusammenhänge, die wir hier und heute nicht beleuchten können – sie geht über unser Hauptthema hinaus."

Weitere Möglichkeiten, mit Fragen umzugehen, lernen Sie jetzt gleich unter der Überschrift „Zwischenrufe und Einwände" kennen:

11.2 So reagieren Sie auf Zwischenrufe und Einwände

So, wie wir weiter oben Zwischenrufe und Einwände charakterisiert haben, weisen sie ein wesentlich höheres „Aufregungspotenzial" als Fragen auf. Hier sollen darunter Bemerkungen verstanden werden, die bei uns die Vermutung aufkommen lassen, dass wir aus der Ruhe gebracht werden sollen. Ob das tatsächlich so gemeint ist, ist dann noch einmal ein ganz anderes Thema ...

Grundsätzlich müssen wir immer damit rechnen, dass einige unserer Zuhörer sich profilieren wollen. Das kann persönliche Gründe haben oder gruppendynamische – vielleicht ist es auch einfach nur menschlich. Da geht es darum, das Revier abzustecken. Zu sagen: „Hallo! Ich bin auch da. Sehen mich auch alle?"

Lassen Sie uns zur Veranschaulichung noch einmal das Beispiel von oben aufgreifen:

▶ „Sagen Sie: Sind das jetzt Ihre eigenen Erfahrungen oder haben Sie das in irgendwelchen Büchern gelesen?"

▶ „Die Tonlage in Ihrer Frage überrascht mich ein wenig – und ich möchte gern darauf eingehen ... Ihnen scheint es wichtig zu sein, hier nicht theoretisches Wissen präsentiert zu bekommen, sondern etwas über konkrete Erfahrungen zu hören – richtig?"

In dieser Replik stecken bereits zwei außerordentlich wirksame Mittel, um mit unliebsamen Zwischenrufen, Einwänden und auch Fragen umzugehen:

Überraschung oder Verwunderung ausdrücken

Wenn Sie eine Frage oder ein Zwischenruf irritiert, ist es (fast) immer eine gute Möglichkeit, die Überraschung oder Verwunderung auszudrücken:

● „Wie Sie das so sagen, gewinne ich den Eindruck: Da ist richtig ‚Strom auf der Leitung' – ich weiß nicht, wo der herkommt und bin davon auch zugegebenermaßen sehr überrascht ..."

● „Oh, diese Frage verwundert mich jetzt insofern, als dass ich eben darum gebeten hatte, grundsätzliche Themen später zu diskutieren ..."

● „Donnerwetter, weder mit dieser Frage noch mit dieser Tonlage habe ich jetzt gerechnet ..."

Motive und Hintergründe transparent machen

Der zweite Schritt besteht hier darin, das hinter der Frage liegende Motiv transparent zu machen und diesem Motiv auch seine Berechtigung zu geben. Im obigen Beispiel eben:

● „Ihnen scheint es wichtig zu sein, hier nicht theoretisches Wissen präsentiert zu bekommen, sondern etwas über konkrete Erfahrungen zu hören – richtig? ..."

● „Wieso?" „Aus welchen Gründen hat das für Sie eine so große Bedeutung?"

● „Das verstehe ich nicht ganz. Es interessiert mich aber. Dazu möchte ich gerne mehr hören."

Oder kürzer mit der **positiv abgewandelten Wiederholung:**

● „Ihnen kommt es besonders auf die persönliche Erfahrung an."

- Oder: „Sie wünschen sich, dass die persönlichen Erfahrungen hier eine tragende Rolle einnehmen ...“
- Oder – ein wenig neutraler: „Sie sprechen die persönlichen Erfahrungen an.“

„Killerphrasen" abwehren

Mit dieser Technik kommen Sie selbst nach typischen Killerphrasen wie:
- „Das ist zu teuer!“
- „Dafür haben wir keine Zeit mehr!“ Oder:
- „Damit haben wir schlechte Erfahrungen gemacht!“
  wieder zurück in konstruktives Fahrwasser.

Und so kann das aussehen:
- Einwand: „Das ist zu teuer!“
  Sie: „Sie betonen den finanziellen Aspekt des Themas. Und der ist ja auch total wichtig. Lassen Sie mich deswegen einmal genau aufzeigen, wo die Vorteile unseres Vorschlags liegen ...“
- Einwand: „Dafür haben wir keine Zeit!“
  Sie: „Wir alle haben einen vollen Terminkalender – und deswegen macht es viel Sinn, noch einmal über die Prioritäten nachzudenken ...“
- Einwand: „Damit haben wir schlechte Erfahrungen gemacht!“
  Sie: „Sie möchten gerne vermeiden, dass in der Zukunft etwas schiefläuft. Ich stelle Ihnen im Folgenden vor, wo die Unterschiede zum vorherigen Vorgehen liegen ...“

Die Sandwichtechnik

Mit der Sandwichtechnik lassen sich diese Entgegnungen entwaffnend „einpacken". Sandwich bedeutet dabei, dass Sie zwei Aspekte des Zwischenrufers loben und Ihre Meinung oder auch Ihre Kritik daran in die Mitte der beiden Sandwich-Hälften legen. Jeder wird diese „Abfederung" schätzen. Sie stehen selbstbewusst, unerschütterlich und freundlich da. Uns so kann das für unseren Beispielsatz aussehen:
- „Sie sprechen das Thema ‚persönliche Erfahrungen‘ an und verweisen damit auf einen wichtigen Punkt für unsere Diskussion.
- Gleichzeitig erachte ich es für wichtig, dass wir das, was wir tun, auch theoretisch einordnen können – und dafür ist die Lektüre von Büchern unerlässlich. Das bewahrt uns vor dem Scheuklappenblick.
- Danke, dass Sie mir Gelegenheit gegeben haben, auf diese wichtige Balance hinzuweisen.“

Touché! Wer will da noch gegenhalten?

Die Alternativtechnik

Wenn Ihnen die Sandwichtechnik zu aufwändig ist, nutzen Sie die Alternativtechnik. Mit ihrer Hilfe kommen Sie schnörkellos weg von einem für Sie unangenehmen, hin zu einem für Sie positiven Themenfeld:

- „Lieber eine gute Theorie, anstatt nur auf persönliche Erfahrungen zurückzugreifen."
- Oder: „Lieber viel lesen, als schlechte Erfahrungen machen."

Die Umdeutung

Das ist meine Lieblingsmethode! Wenn wir sie anwenden, nehmen wir eine für uns vorteilhafte Deutung des Zwischenrufs vor. Dabei wird die Umdeutung immer mit den Worten „Wenn Sie damit sagen wollen, dass ..." eingeleitet. Also in unserem Beispiel:

- „Wenn Sie damit sagen wollen, dass es nicht darauf ankommt, nur über persönliche Erfahrungen zu sprechen, sondern auch den neusten Stand der Forschung einfließen zu lassen, dann danke ich Ihnen für Ihren Beitrag."
  Wichtig hierbei: Im Anschluss an die Umdeutung gleich weiterreden – und keinen Blickkontakt mehr zu dem Zwischenrufer einnehmen.
- Oder: „Wenn Sie damit sagen wollen, dass persönliche Erfahrungen etwas ganz Wertvolles sind, dann stimme ich Ihnen zu."

Überhören

Niemand zwingt Sie dazu, auf jeden Einwand, auf jede Bemerkung zu reagieren. Manchmal ist es besser, einfach großzügig darüber hinwegzugehen und nicht darauf zu reagieren.

Gegenfragen

Dabei gibt es eine spezielle Methode, mit der Sie den Fragenstellenden schier in die Verzweiflung treiben können. Dazu picken Sie sich ein beliebiges Wort aus dem Einwand, der Frage oder dem Zwischenruf heraus und bitten um „Genauerung". Im obigen Beispiel, „Sagen Sie: Sind das jetzt Ihre eigenen Erfahrungen oder haben Sie das in irgendwelchen Büchern gelesen?", könnten Sie also fragen:

- „Was genau meinen Sie jetzt mit ‚irgendwelchen'?"
- „Welche Bücher meinen Sie genau?"
- „Was genau meinen Sie jetzt mit Erfahrungen?"
  Ihr Vorteil: Sie gewinnen Zeit und demonstrieren: Ich lasse nicht zu, dass mich jemand vor sich hertreibt.

Schlagfertig antworten

- „Ihre Rede gestern war ausgezeichnet. Wer hat sie für Sie geschrieben?"
- „Freut mich, dass sie Ihnen gefallen hat. Wer hat sie Ihnen erklärt?"

Das ist leicht gesagt oder geschrieben, denn Schlagfertigkeit kann man schließlich nicht per Rezept verschreiben – oder? Das wohl nicht – und dennoch können wir mit einigen wenigen Techniken unsere Schlagfertigkeit dramatisch erhöhen.

- „Lieber viel gelesen als beschränkte Erfahrungen."
- „Welche Bücher haben Sie denn zu diesem Themenkomplex gelesen?"

Nach meiner Erfahrung sind es immer wieder die gleichen Themen oder Angriffe, die uns sprachlos machen. Deswegen schreiben Sie ab heute alle Situationen auf, die Sie sprachlos machen, und erarbeiten sich dann Antworten. Sie werden sehen: So kommen Sie immer näher an die passende und schlagfertige Reaktion in Echtzeit heran.

Verkaufstrainer z.B. werden immer wieder damit konfrontiert, wie man mit der Kundenphrase „Das ist zu teuer!" umgehen kann. Und zu Recht erwarten die Teilnehmer wirkungsvolle Antworten. Eine gute schlagfertige Antwort darauf könnte sein, den Teilnehmern in dieser klassischen Situation zu raten, bewusst zu überziehen:

- Verkäufer: „Ja, und wissen Sie was: Schlecht sind wir auch noch!"
- Kunde: „Was – bei dem Preis?"
- Verkäufer: „Ah, Sie sehen einen Zusammenhang zwischen Preis und Leistung – da sind wir genau bei unserem Thema ... !"
– und schon kann zur Nutzenargumentation übergeleitet werden.

Das Vier-Augen-Gespräch

Merken Sie, dass eine schnelle Einigung mit dem Zwischenrufer nicht möglich ist, bieten Sie ihm ein Vier-Augen-Gespräch im Anschluss an Ihren Vortrag an.

Pause einlegen

Pausen sind ein exzellentes Mittel, wenn Situationen zu eskalieren drohen oder Sie schlicht und einfach nicht mehr weiterwissen (siehe auch Kapitel 4.1.1 „Ungewöhnliche Eröffnung", die Anekdote in Punkt 6).

Einen Einwand ins Absurde überziehen

Die sprachliche Formel dazu lautet: „Wenn man das mal weiterdenkt / zu Ende denkt, was Sie da sagen, dann ..." Werden Sie zum Beispiel konfrontiert, dass man noch einmal gründlich nachdenken sollte, bevor man übereilte Entscheidungen trifft, entgegnen Sie: Ja, wenn man das einmal zu Ende denkt, was Sie da sagen, dann werden wir vor lauter Nachdenken zukünftig für jede Entscheidung Monate brauchen. Bis wir so weit sind, ist der Markt längst an uns vorbeigezogen.

Nicht immer so ganz fair, diese Methode, aber sehr wirkungsvoll. Wer sie eingesetzt und perfekt performt sehen möchte, sollte bei nächster Gelegenheit eine Talkshow schauen, in der Gregor Gysi auf der Gästeliste steht.

Die sachliche Feststellung

Hierbei beziehen Sie sich bewusst und sehr „erwachsen" auf den sachlichen – und nur den sachlichen – Aspekt im vorgetragenen Einwand, etwa: „Das, was Sie hier vortragen, ist ja ein einziger großer Unfug!"

- Ihre Entgegnung: „Offensichtlich gefällt Ihnen nicht, was ich gesagt habe."
- Oder: „Sie hatten eine andere Erwartung an das, was Sie hier hören."

Grenzen ziehen

Wenn Ihr Gegenüber ausfallend wird, Sie persönlich angreift oder unter die Gürtellinie geht, ist klares „Grenzen-Ziehen" angesagt. Zwei Techniken eignen sich dazu ganz besonders:

Spielregeln klären

- „Bitte lassen Sie uns sachlich bleiben."
- Oder: „Ich bin wirklich zu jeder Diskussion bereit. Dabei ist es mir allerdings wichtig, möglichst sachlich zu bleiben und nicht unter die Gürtellinie zu gehen – und dort auch nicht angegriffen zu werden. Können wir uns darauf verständigen?"

Konfrontieren

- „Sie greifen mich persönlich an. Damit lenken Sie von der Sache ab."
- „Sie haben mich wiederholt unterbrochen. Bitte hören Sie damit auf."
- „Sie sind auf keines meiner Argumente eingegangen, sondern haben mit jeder Bemerkung immer neue Baustellen aufgemacht. So kommen wir nicht weiter."

Tipps zum Abschluss:

- **Begrenzen Sie den Augenkontakt nicht nur auf den Fragesteller.** Wenden Sie die „25-75"-Regel an: 25 Prozent des Blickkontakts auf den Fragesteller, 75 Prozent auf das Plenum. Dadurch werden auch die anderen Zuhörer in die Beantwortung der Frage mit einbezogen. Das ist besonders bei angespannten Frage- und Antwortsituationen wichtig.

- **Fahren Sie nicht zu schnell zu schweres Geschütz auf und stellen Sie den Zwischenrufer nicht bloß.** Wenn Sie eine vernichtende Bemerkung machen (selbst über eine dumme Frage), dann stellen Sie sich selbst in ein schlechtes Licht. Häufig solidarisieren sich andere Zuhörer dann mit dem Zwischenrufer und in kürzester Zeit haben Sie sich unnötigerweise eine starke Opposition geschaffen.

- Jede Kommunikation, **alle Entgegnungen, mit denen wir andere „von oben herab" behandeln, sind für ein konstruktives Gesprächsklima ungeeignet.**

Wann immer wir (mit der Transaktionsanalyse gesprochen) aus dem Eltern-Ich heraus die anderen nicht ebenbürtig behandeln, sind Konflikte vorprogrammiert.

Häufig sind diese Entgegnungen mit den Modalverben „müssen" und „sollen" verbunden. Auch Formulierungen wie: „Sie haben Folgendes zu tun: ..." gehören dazu. Befehlen mag bei der Bundeswehr eine angemessene Sprechhandlung sein, in den allermeisten Lehr- und Lernsituationen ist es das nicht.

- **Was gehört noch zu den „No-Gos"?** Im Grunde alle Sprechformen, die der Psychologe Thomas Gordon als konfliktprovozierende Sprache und Kommunikationssünden zusammengetragen hat. Die in meinen Augen gravierendsten sind:
  - ▸ Ratschläge erteilen – wo sie nicht gefragt sind
  - ▸ Moralisieren und Predigen – und damit den anderen sagen, was gut für sie ist
  - ▸ Drohen und Warnen – und damit die anderen einschüchtern
  - ▸ Beschimpfen und lächerlich machen – und damit einen offenen oder verdeckten Kampf austragen

  Auch Formulierungen gehören dazu, wie:
  - ▸ „Das glaube ich Ihnen nicht."
  - ▸ „Das gibts gar nicht."
  - ▸ „Ich kann Ihnen beweisen."
  - ▸ „So, wie Sie sich das denken, geht es wirklich nicht."
  - ▸ „Ich versuche gerade, Ihnen zu erläutern ..."

- **Zielführender ist es da, mit offenen Fragen zu arbeiten,** wie:
  - ▸ „Kann man das nicht auch anders sehen?"
  - ▸ „Was, glauben Sie, würde jemand aus der Abteilung xy dazu sagen?"

  Möglich sind auch Formulierungen wie:
  - ▸ „Das überrascht mich jetzt. Ich habe da ganz andere Informationen. Lassen Sie uns die doch mal nebeneinanderlegen."
  - ▸ „Ich frage mich gerade, was passiert, wenn wir diesen Vorschlag einmal zu Ende denken ..."

- Fassen Sie sich kurz und sprechen Sie den Zwischenrufer mit Namen an.

Das Wichtigste in Kürze

- Mit Fragen, Einwänden und Zwischenrufen ist immer eine gewisse Unsicherheit verbunden, da Sie weder Ihre Reaktion noch die des Publikums genau vorhersehen können. Der Umgang damit wird Ihnen wesentlich leichter fallen, wenn Sie sich darauf einstellen und Zuhöreräußerungen positiv gegenüberstehen.

- Fragen und Zwischenrufe lassen sich nicht per se in gut und schlecht einteilen. Stellen Sie Ihre innere Bewertung möglichst weit hinten an und reagieren Sie als Erstes interessiert oder überrascht.

- Vor allem in größeren Runden ist es von Vorteil, eine Frage zu wiederholen. Damit sorgen Sie dafür, dass alle – auch Sie – den Inhalt richtig verstanden haben und gleichzeitig gewinnen Sie Zeit zum Nachdenken. Werden Sie nicht nervös, wenn Sie einmal keine Antwort haben. Niemand ist perfekt! Fragen Sie die anderen Zuhörer nach einer Lösung oder verweisen Sie auf Quellen, wo der Fragende eine Antwort finden kann.

- Möchte jemand Sie bewusst aus der Ruhe bringen, reagieren Sie mit wirksamen Techniken darauf. Als Erstes fassen Sie Ihre Verwunderung darüber in Worte und versuchen danach, das Motiv für dieses Verhalten transparent zu machen. Verschiedene bewährte Vorgehensweisen dafür finden Sie in Kapitel 11.2.

12 Stilmittel: „Wording", packende Überschriften – Das Beste aus 2.500 Jahren Rhetorik

Darum geht es:

Der Erfolg einer Präsentation oder einer Rede hängt von vielen Faktoren ab: der Vorbereitung, der Struktur, der Darbietung, dem Umgang mit den Teilnehmern und Zuhörern …

Denken wir ein paar Kapitel zurück an unseren Masterplan – die strukturierte Vorgehensweise für den Aufbau einer Präsentation. Dieser übergreifende Plan beinhaltet viele Variationsmöglichkeiten für die Gliederung und Gestaltung. Im übertragenen Sinne sind das die Bausteine für einen soliden Vortrag.

Die Vorgehensweise ist ähnlich wie beim Hausbau. Sie sind der Architekt, der zuerst den Grundriss entwirft und dann die Materialen festlegt. So entsteht ein funktionierendes Gebäude, in dem sich gut leben lässt. Und doch gibt es zwischen Haus und Haus deutliche Unterschiede, abhängig davon, wie der architektonische Feinschliff gelungen ist. Dasselbe gilt für eine Präsentation. Mit dem Masterplan wird sie ihren Zweck vortrefflich erfüllen – das alleine ist schon ein Erfolg. Wie Sie darüber hinaus noch besondere Highlights setzen, erfahren Sie in diesem Kapitel.

Das ist Ihr Nutzen:

- Sie bekommen eine Übersicht über die Stilmittel, die eine mächtige – im Sinne von beeindruckende – Wirkung erzielen.

- Sie profilieren sich als ein Redner, der durch eine besonders bildhafte, anschauliche Sprache Gefühle bei seinen Zuhörern erzeugt.

- Sie lernen Möglichkeiten kennen, sich und Ihre Botschaft bereits mit dem Titel Ihrer Präsentation einprägsam zu positionieren.

- Sie lernen die zehn typischen „Kommunikationssünden" kennen und werden zukünftig darauf achten, sie nicht zu begehen.

- Sie wissen, dass es eine eskalierende und deeskalierende Sprache gibt und können gezielt zu einer positiven Atmosphäre durch den Einsatz der richtigen Formulierungen beitragen.

Wenn Sie das Buch bis hierhin gelesen haben, wissen Sie alles, was Sie zu einer sehr guten Präsentation und einer mitreißenden Rede brauchen.

Bestnoten in der „Pflicht" sind äußerst wahrscheinlich. Mit den nun folgenden rhetorischen Stilmitteln folgt die Kür.

Was also können Sie tun, um Ihren Beitrag stilistisch anzureichern, welche rhetorischen Stilmittel haben einen hohen Wirkungsfaktor?

Aber Vorsicht: Auch hier spielt die Echtheit eine große Rolle …

12.1 Die zehn mächtigsten Stilmittel

1. Die Wiederholung und die Zweierformel

Die Wiederholung, das Gleiche also noch einmal sagen, ist auf der einen Seite wohl das simpelste und auf der anderen Seite eines der wirkungsstärksten rhetorischen Mittel. Simpel, weil wir sie auch schon in mittellateinischen Texten finden. Damals war die Sprache so verarmt, dass die Wiederholung fast das einzige Mittel war, um Dinge oder Ereignisse herauszustellen. „Ora et labora. Bete und arbeite. Ora et labora." Das wurde immer und immer wieder wiederholt. Das mag nicht besonders einfallsreich sein. Wirkungsvoll ist es allemal! „Die Rente ist sicher." Oder? „Na klar, wenn eines sicher ist, dann die Rente."

Die Wiederholung ist also eines der stärksten rhetorischen Mittel. Eines der stärksten rhetorischen Mittel ist die Wiederholung. Übrigens auch im negativen Sinne. Mobbing funktioniert auch mit Wiederholungen: Immer und immer wieder wird die Unwahrheit über das Mobbingopfer wiederholt. „Mustermann ist ein fauler Sack. Ein richtig fauler Sack ist der Mustermann." Irgendwann glauben es auch die, die bereits mit Mustermann zusammengearbeitet und ihn als engagierten Kollegen kennen gelernt haben. Und auch die Werbung macht sich die Wirkung der Wiederholung zu Nutze. Hier spricht man von der „Heavy rotation", wenn Aussagen immer und immer wieder wiederholt werden, z.B.: „Nicht immer. Aber immer öfter."

2. Die Dreierformel

„Quadratisch, praktisch, gut" – das ist eine der erfolgreichsten Dreierformeln. Die meisten von uns denken automatisch an die Schokolade in dem praktischen Format. Dieser Slogan macht sich folgende Einsicht zu Nutze: Drei Adjektive, drei Begründungen, drei Vorteile hintereinander genannt, wirken sportlich und knackig. Damit setzen Sie eine Duftmarke, die so leicht nicht neutralisiert werden kann. Die Dreierformel wird sehr erfolgreich in der Vertriebskommunikation eingesetzt – für die Präsentorik können wir viel von ihr lernen.

Wie hört sich das für Sie an:

- „Unsere Strategie ist einfach, sie ist effizient und sie überzeugt unsere Vertriebspartner."
- „Von der Zusammenarbeit mit uns profitieren Sie dreifach: Sie brauchen kein eigenes Lager mehr, die Lieferzeit zum Kunden halbiert sich, und Sie haben Zeit, Ihr Kerngeschäft voranzutreiben."
- „Geben Sie uns grünes Licht für dieses Projekt: Damit sparen wir Geld, Zeit und schonen unsere Nerven."

Nutzen Sie die Dreierformel. Sie ist einfach, sie hat sich tausendfach bewährt, sie wird auch bei Ihnen fruchten.

Eine Variante der Dreierformel ist die so genannte Anapher. Bei dieser rhetorischen Figur wiederholen Sie den Satzanfang in drei aufeinander folgenden Sätzen:

- „Wir sind nicht hergekommen, um mit leeren Händen abzuziehen.
- Wir sind nicht hergekommen, um zu jammern.
- Wir sind hergekommen, um unser Recht zu fordern."

Konrad Adenauer hat uns vorgemacht, wie wir die Dreierformel zur Steigerung und zur Hinführung auf einen Höhepunkt nutzen können:

- „Die Einheit Europas war ein Traum weniger,
- sie wurde eine Hoffnung für viele,
- sie ist heute eine Notwendigkeit für uns alle."

Denken Sie daran: Wenn Sie Erfolg haben wollen, müssen drei Dinge zusammenkommen: Sie müssen wissen, was Sie tun, lieben, was Sie tun, und an das glauben, was Sie tun.

3. Die Kraft der Zahl

Im Rahmen des Masterplans für die Gliederung des Hauptteils haben wir schon einmal die Kraft der Zahl herausgestellt (siehe Kap. 4.1.1):

- „Lernen Sie jetzt die drei wichtigsten Werkzeuge im persönlichen Zeitmanagement kennen."
- „Ich möchte Ihnen jetzt ein Führungsmodell vorstellen, das Ihre Aufmerksamkeit auf drei Felder fokussiert und Ihnen ermöglicht, im Dschungel des Führens den Überblick zu behalten."

Sie können sicher sein, dass jetzt alle Ihre Zuhörer mitzählen. „Na, zwei Werkzeuge hat er genannt, bin mal gespannt, was als Drittes kommt." Und sicher werden Sie darauf hingewiesen, wenn Sie eines vergessen ...

Die Kraft der Zahl wird in vielen Zusammenhängen deutlich: Die sieben Todsünden, die zehn Gebote – ursprünglich im religiösen Kontext beheimatet, wird dieses Muster seit Langem im Alltag eingesetzt: Die sieben „No-Gos" im persönlichen Kundenkontakt. Die zehn Gebote der erfolgreichen Neukundenakquisition.

Die zehn besten rhetorischen Stilmittel. Die Kraft der Zahl liegt in ihrer Eingängigkeit – und der klaren Ansage.

4. Fragen – und Antworten

„Was wäre ein Buch – ohne Text? Eine Rede – ohne Redner? Ein Fußballspiel – ohne Ball? Richtig: Nichts. Das eine gehört bedingungslos zum anderen. Genauso ist es mit unserer Niederlassung in der Schweiz. Sie gehört zum Konzern, wie die Luft zum Atmen ..."

Fragen sind ein mächtiges rhetorisches Mittel. Sie animieren die Zuhörer zum Nachdenken. Durch eine kleine Pause nach der Frage entsteht Spannung. Sie erzeugen damit eine dialogische Anmutung, die Ihrem Beitrag etwas sehr Lebendiges gibt. „Wer, wenn nicht wir? Wann, wenn nicht jetzt?"

Die wohl bekannteste Form der Frage im Zusammenhang mit Reden und Präsentationen ist die **rhetorische Frage.** Ihre Besonderheit liegt darin, dass sie im Grunde nur vorgibt, eine Frage zu sein, steckt die Antwort doch gleich darin. Oder wollen Sie mir da widersprechen?

5. Pausen und Verlangsamung

Pausen erzeugen Spannung – wenn sie richtig eingesetzt werden. Und wenn sie nicht zu lang sind. Pausen können ein sehr schnelles Sprechtempo zumindest teilweise wieder ausgleichen. Pausen helfen den Zuhörern, das Gesagte zu verarbeiten, die Aussagen zu verdauen und sie den eigenen Gedanken gegenüberzustellen.

Pausen haben auch für den Sprecher viele Vorteile: Sie können Luft holen, gezielt Blickkontakt zu einzelnen Zuhörern aufnehmen und vor allem: Spannung erzeugen und Höhepunkte vorbereiten. Besonders wirkungsvoll erscheinen sie mitten im Satz:

- „Das Umsatzplus im gesamten EMEA-Raum betrug – Pause – 26 Prozent. 26 Prozent!
- „Der vom Vorstand neu eingesetzte Geschäftsführer ist – Pause – Klaus Mustermann!"

Um die Bedeutung erreichter Ziele oder die Wirkung von Zahlen und generell Aussagen zu pushen, ist die Verlangsamung ein exzellentes Mittel. Dazu reduzieren Sie Ihr normales Sprechtempo, sprechen jede Silbe einzeln aus und machen dazu noch kleine Sprechpausen zwischen den Silben. Aus einer Zahl wie 26 wird dann „sechs – und – zwan – zig".

Sprechen Sie Ihre Kernbotschaft in Zeitlupe aus. Der Kontrast zu Ihrer sonst üblichen Sprechweise erzeugt eine wirkungsstarke Hervorhebung:

- „Sechs – und – zwan – zig – Pro – zent – Um – satz – plus! Verglichen mit dem letzten Jahr ist das mehr als eine Verdreifachung. Eine Verdreifachung!"

6. Vergleiche und Metaphern

Wer mit Vergleichen und Metaphern arbeitet, spricht in Bildern – und bedient sich damit eines der ältesten und wirkungsvollsten rhetorischen Stilmittel. Bilder prägen sich leichter ein als Zahlen oder abstrakte Begriffe. Welche der folgenden Aussagen wirkt stärker?

- „Die EU kann keine neuen Staaten mehr aufnehmen." Oder:
- „Das Boot ist voll."

Die meisten sagen: Der Satz mit dem Boot.

Schauen Sie sich folgende Beispiele an:

- „Noch mehr Geld in die Reparatur der alten Rechner zu stecken, ist, wie Hunderteuroscheine unter der kalten Dusche zerreißen. Es tut weh und bringt nichts."
- „Der neue Lieferant ist eine hundertprozentige Tochter unseres ältesten Handelspartners. Wir können ihm deswegen voll vertrauen: Der Apfel fällt nicht weit vom Stamm."
- „Er ist der Motor des Teams. Er kämpft wie ein Löwe um jeden Auftrag."
  Das bleibt in aller Regel besser haften als:
  „Er ist ein wichtiger Antreiber und engagiert sich stark im Neukundengeschäft."

Sie können sagen, dass es nicht immer leicht ist, die Entscheidungen des Vorstands zu verstehen und noch schwerer, den Vorstand auch einmal persönlich zu sprechen. Oder Sie sagen:

- „Zu versuchen, den Vorstand zu verstehen, ist, wie dem Yeti auf der Spur zu sein. Man sieht die Fußabdrücke, bekommt den Verursacher aber nie zu fassen."

Zahlen, Daten und Fakten – rationale Informationen also – werden schnell vergessen. Bilder – emotionale Informationen – haften im Kopf.

Genauso wie ein Eisberg zu einem Siebtel aus dem Wasser ragt und zu sechs Siebteln unter der Wasseroberfläche verborgen ist, nutzen wir mit rein rationalen Argumenten nur ein Siebtel der Aufmerksamkeitsressourcen unserer Zuhörer – mit eindrücklichen sprachlichen Bildern zapfen wir die anderen sechs Siebtel an.

7. Stilbruch

Insbesondere der Wechsel in einen Fachjargon hat humoristisches Potenzial. Beginnen Sie die Glückwunschrede zur Promotion mit „Herzlichen Glückwunsch zur Namensverlängerung" oder die Rede zur Vermählung mit „Herzlichen Glückwunsch zur Personenstandsänderung" – und Sie haben die Lacher auf Ihrer Seite.

8. Geschichten und Anekdoten

Je konkreter die Formulierungen sind, desto besser. Sagen Sie „wir" oder „ich" statt „man" und lieber „26-mal" statt „immer". Wenn Sie Geschichten oder Anekdoten erzählen, sprechen Sie am besten in der Gegenwartsform, mit ganz konkreten Namen. Das könnte sich dann so anhören:

- „Es ist jetzt 35 Jahre her, es war der 26. August 1976, gegen 9:30 Uhr. Heinz Greis, mein Geschichtslehrer, ruft meinen Namen auf und ich weiß: Jetzt kommt's drauf an. Ich stehe auf und gehe nach vorne zum Lehrerpult. Meine Halsschlagader pulsiert so stark, dass es jeder sehen muss. Ich setze mich hin und – weiß auf einmal ganz genau, was ein Filmriss ist, wie sich ein Black-out anfühlt."

9. Zitate

Zitate werden in der Regel mit bekannten Persönlichkeiten verbunden. Damit importieren wir ausgewiesene Autoritäten in unsere Präsentation und erhöhen damit ihre Wertung. Zu den meist zitierten Schriftstellern gehört meines Wissens Mark Twain. Es gibt kaum ein Thema, zu dem man ihn nicht zitieren könnte. Nur beim Thema Zitate wird es schwierig.

- Da greifen wir hier auf den polnischen Satiriker Stanislaw Jerzy Lec zurück:
„Von der Mehrzahl der Werke bleiben nur die Zitate übrig. Ist es dann nicht besser, von Anfang an nur die Zitate aufzuschreiben?"
- Mark Twain eignet sich dann wieder für die, die zu viel zitieren:
„Der Mensch ist das einzige Lebewesen, das erröten kann.
Es ist aber auch das einzige, was Grund dazu hat."
- Und wer eine einmal eingeschlagene Richtung verlassen möchte oder muss, kann sich bei John Lennon bedienen:
„Leben ist, wenn man seine Ziele ändert."

10. Gegensätze

Gegensätze eignen sich besonders als Motto von oder auch als Überschriften für Präsentationen. Durch die starke Kontrastierung sind sie in der Lage, Botschaften nachhaltig zu pointieren und in Erinnerung zu halten.

- „Global denken – lokal handeln",
ist ein Beispiel dafür. Dieses Motto steht mittlerweile stellvertretend für eine ganze Philosophie der Entwicklungspolitik und markiert den Wechsel von einer kirchlichen Entwicklungsarbeit hin zu einem neuen Verständnis der Entwicklungszusammenarbeit.
- Auch Klassiker gehören dazu, wie „Wasser predigen und Wein trinken".
- Oder auch: „Er startete als wildes Raubtier und endete als Bettvorleger."

12.2 Im Fokus: Worte, die Gefühle erzeugen

- „Worte sind wie Pistolenkugeln. Einmal abgeschossen, kann man sie nicht wieder zurückholen." Oder:
- „Worte sind wie Vögel – einmal freigelassen, kann man sie nicht wieder einfangen."

Diese beiden Metaphern verdeutlichen die Kraft der Worte. Sie tun dies mit unterschiedlichen Betonungen, es schwingen unterschiedliche Stimmungen mit: Pistolenkugeln auf der einen und Vögel auf der anderen Seite. Sprechen Sie diese beiden Worte doch einmal langsam aus und lauschen Sie in sich hinein. Viele Menschen nehmen bei dieser Übung sehr unterschiedliche Gefühlsqualitäten wahr: „Härte und kalte Entschlossenheit" bei den Pistolenkugeln sowie „Weite und Freude" bei den Vögeln. Worte können Gefühle erzeugen. Wer andere kraft seiner Worte überzeugen und für sich gewinnen möchte, ist also gut beraten, an seinem persönlichen Wortschatz zu arbeiten. Das ist dann auf jeden Fall eine Investition in die Zukunft. Man sagt, dass Goethe einen aktiven Wortschatz von ca. 21.000 Wörtern hatte, Berti Vogts mit 600 Worten auskommt und ein Durchschnittsdeutscher ca. 2.000 bis 3.000 Worte aktiv benützt.

Um hier schnell Wirkung zu erzielen, haben sich folgende Verfahren bewährt:

Bewusst Gefühle erzeugende Worte benutzen

Hier eine kleine Auswahl von A bis Z: aktiv anpacken, akzentuieren, ankündigen, aufdecken, beim Schopfe packen, einleuchten, einsehen, entlasten, ergreifen, erkennen, ermöglichen, Fäden ziehen, fördern, Gehör verschaffen, heiß, hitzig, im Auge behalten, klingen, optimieren, schnurren, schwer wiegend, steigern, Ton angeben, verbinden, vorantreiben, vorschlagen, zuflüstern, zusammenkommen.

Weniger Hilfsverben benutzen

Es macht einen Unterschied, ob wir sagen:
- Viele Menschen bringen es zu nichts, weil sie im Beruf keine Initiative **haben.** Oder:
- Viele Menschen bringen es zu nichts, weil sie im Beruf keine Initiative **ergreifen.**

Der Wechsel von „haben" zu „ergreifen" bringt Dynamik in den Satz. Die so genannten Hilfsverben „haben", „sein" und „werden" vereinfachen die Sprache, nehmen ihr dabei aber an Ausdruckskraft. Alles, was Sie tun müssen, ist sich dafür ein wenig zu sensibilisieren.

Lassen Sie sich dazu von den folgenden Beispielen inspirieren:
- Ein Manager **hat** kein ruhiges Leben.   Ein Manager **führt** kein ruhiges Leben.
- Aus dem Ausflug wurde nichts, weil es **geregnet hat.**   Der Ausflug fiel ins Wasser, weil es **in Strömen goss.**
- Im Kellergewölbe **war** ein großer Kronleuchter, der nur selten **an war.**   An der Decke des Kellergewölbes **schwebte** ein großer Kronleuchter, der nur selten **erleuchtet wurde.**
- Der größte Teil des Gartens **war** für Gemüse, während an den Rändern Ziersträucher **waren.**   Der größte Teil des Gartens **beheimatete** Gemüse, während an den Rändern Ziersträucher Spalier **standen.**

Wählen Sie überzeugende Titel für Ihre Präsentationen

Nutzen Sie die Chance, schon mit dem Titel für Ihre Präsentation zu werben. Besonders bewährt haben sich dabei bekannte Filmtitel, Blockbuster, die leicht verändert oder ergänzt eine pointierte Auskunft über Ihren Beitrag geben.

- Denn sie wissen nicht, was sie tun ... – Die Deutschen und die Energiepolitik
- Die FDP im Sommer 2011 – Die Titanic auf der Jungfernfahrt
- Vom Winde verweht – Die SPD auf der Suche nach sich selbst
- Spiel mir das Lied vom Tod – oder: Was passiert, wenn wir unsere unternehmerischen Entscheidungen nur auf den Shareholder-Value ausrichten
- Together we stand – divided we fall. – Warum es Sinn macht, zwei Tage in die Teamentwicklung zu investieren
- Die Entdeckung der Langsamkeit – Warum operative Hektik unserem Unternehmen nicht guttut

Das Wichtigste in Kürze

- Eine sehr gute Präsentation oder eine mitreißende Rede werden durch den Einsatz von Stilmitteln noch getoppt.
- Worte, die Gefühle erzeugen, haben eine stärkere Kraft als die reine Darstellung von Fakten. Je ausgedehnter Ihr aktiver Wortschatz ist, desto leichter fallen Ihnen für „gefühls-lose" Worte inhaltsreichere Synonyme ein.
- Hilfsverben wie „haben" und „sein" machen Sprache einfach, aber auch einfallslos. Die Beispiele in Kapitel 12.2 können Sie inspirieren, dynamisch und ausdrucksstark zu formulieren.
- Ein packender Titel für Ihre Präsentation sichert Ihnen die Aufmerksamkeit von Beginn an und prägt sich dauerhaft bei Ihren Zuhörern ein.

Präsentationen und Vorträge nachbereiten – Kontinuierlicher Verbesserungsprozess (KVP)

Auch in Sachen Präsentation fallen die Meister nicht vom Himmel. Investieren Sie nach einem Auftritt noch einmal 30 Minuten in eine Nachlese – und arbeiten Sie bewusst an der Verbesserung Ihrer Präsentationskompetenz.

- Bei der Selbsteinschätzung steht die 5 für: „Optimal! Mit diesem Punkt bin ich hundertprozentig zufrieden."
- Eine 1 steht für: „Die Performance dieses Punktes ist mir gar nicht gelungen."

Die Feedbackpunkte im Einzelnen:	Ausprägung				
von 1 bis 5					
I. KVP im Schnelldurchlauf					
Nehmen Sie zunächst eine Pauschalbewertung vor: Wie zufrieden sind Sie insgesamt und aus dem Bauch heraus? Falls weniger als 3: Was wäre anders gewesen, wenn Sie zumindest einen Punkt höher gewertet hätten?					
Wie zufrieden sind Sie mit					
Ihrer persönlichen Präsenz und Echtheit?					
dem anschaulichen Transport der Inhalte?					
der Beziehungsgestaltung zu Ihren Zuhörern?					
Ihrer Auftrags- und Zielorientierung?					
Falls weniger als 3: Was wäre anders gewesen, wenn Sie zumindest einen Punkt höher bewertet hätten?					
II. Die Detailanalyse					
Wie beurteilen Sie das Gelingen der einzelnen Bausteine?					
Eröffnung					
Vorstellen					
Thema und Ziel					
Motivation					
Transparenz über					
Vorgehen					
Zeiten					

Fragen					
Hand-outs					
Zuhöreraktivitäten					
Hauptteil					
Unterpunkt 1					
Unterpunkt 2					
Unterpunkt 3					
…					
Ihre Hauptbotschaft					
Schluss					
Zusammenfassung					
Eigene Meinung					
Anknüpfen an den Anfang					
Schlussappell					
Wie zufrieden sind Sie mit					
Ihrer Körpersprache?					
Ihrer sprachlichen Ausdrucksweise?					
Ihrem Medieneinsatz?					
Ihrem Medienmix?					
dem Einbinden der Zuhörer?					
Ihrem Fragenmanagement?					
Ihrem Handling von Zwischenrufen?					
Ihrem Umgang mit Lampenfieber?					
Ihrer Vorbereitung?					

Was möchten Sie beim nächsten Mal anders machen?

Woran würde ein Außenstehender bei Ihrer nächsten Präsentation eine deutliche Verbesserung festmachen?

Welchen Aspekten wollen Sie beim nächsten Mal mehr Aufmerksamkeit schenken?

Welchen weniger?

Welche drei hauptsächlichen Aspekte setzen Sie beim nächsten Mal um?

Literaturverzeichnis – eine Auswahl von faszinierenden Titeln für die vertiefende Lektüre

- Bohne, Michael: Bitte klopfen. Anleitung zur emotionalen Selbsthilfe. Heidelberg 2011
  Dieses Büchlein macht Sie mit den Grundzügen der Klopftechnik vertraut. Wertvoll für die Themen Lampenfieber, persönliche Präsenz und Echtheit.
- Danz, Gerriet: Neu präsentieren. Begeistern und überzeugen mit den Erfolgsmethoden der Werbung. Frankfurt 2010
  Alle, die sich ein wenig mehr Show erlauben können und wollen, finden hier praktikable Ableitungen von erfolgreichen Werbekampagnen.
- Gallo, Carime: The presentation secrets of Steve Jobs: how to be insanely great in front of any audience. McGraw-Hill. New York, Chicago, San Francisco 2010.
  Die Präsentationen des legendären Apple-Gründers Steve Jobs haben den Kurs der Aktie regelmäßig beflügelt. Wie Jobs das gemacht hat, erfahren Sie hier.
- Gelb, Michael: Körperdynamik: eine Einführung in die Alexandertechnik. Frankfurt 2004
  Wie man mit dem Körper in Kontakt kommt und die eigene Wahrnehmung vertieft – zentrale Eigenschaften für eine überzeugende Präsentorik.
- Gutzeit, Sabine F.: Die Stimme wirkungsvoll einsetzen. 3. Auflage, Weinheim und Basel 2008
  Wer die eigene Stimme besser kennen lernen und optimieren möchte, erfährt hier, wie er (oder sie) die Zuhörer auch stimmlich in den Bann zieht.
- Kersig, Susanne: Entspannt und klar: Freiraum finden bei Stress und Belastung. (S. 85) München 2009
  Der Untertitel ist Programm. Hier finden sich gut erlernbare Übungen, um in schwierigen persönlichen Situationen den Kopf zumindest für die Dauer eines Seminars frei zu bekommen.
- Kreggenfeld, Udo: Direkt im Dialog. Professionelle Gesprächsführung in Unternehmen und Organisationen. 5. Auflage, Bonn 2011
  Dieses Buch spannt den Bogen von der Präsentation zum Dialog mit den Zuhörern. Extrem praxisnah, viele Beispiele.
- Kreggenfeld, Udo: Verhandeln^2 – Systemische Verhandlungskompetenz für eine komplexe Welt. Berlin 2010
  Für Präsentationen im kompetitiven Umfeld bekommen Sie hier viele Werkzeuge, um den Kontext auszuleuchten und auch, um mit den Themen Macht und Manipulation professionell umzugehen.

- Langer, Inghart; Schulz von Thun, Friedemann; Tausch, Reinhard: Sich verständlich ausdrücken, München 2011.
  Dieser Titel stellt die vier Verständlichkeitsmerkmale anschaulich dar. Ein einfaches Übungsprogramm ermöglicht es zudem jedem Leser, sich künftig verständlicher auszudrücken.
- Molcho, Samy: Das ABC der Körpersprache. München 2006
  Molcho ist der „Papst" in Sachen Körpersprache. Mit diesem kleinen und schnell zu lesenden Bändchen können Sie sich schnell und mit praktischen Konsequenzen zum Thema informieren.
- Pöppel, Ernst: Je älter desto besser. Überraschende Erkenntnisse aus der Hirnforschung. München 2011
  Pöppel zählt zu den führenden Hirnforschern Deutschlands. Viele seiner Erkenntnisse, besonders was die Länge und die Taktung von Informationen angeht, können wir für die Präsentorik nutzen.
- Schulz von Thun, Friedemann: Miteinander Reden 3. Das innere Team und situationsgerechte Kommunikation, Hamburg 2010.
  Vorsicht: Die Lektüre dieses Buches kann zu kraftvollem Handeln und stimmigem Kommunizieren führen. Ein Klassiker vom Schöpfer des inneren Teams.
- Stockhausen, Anke: Trainerleitfaden. Bemerkenswert vermitteln. Berlin 2011.
  Ein gut zu lesender Leitfaden mit viel Hintergrundinformationen zu Lernen, Lerntypen, schwierigen Seminarsituationen u.v.a.m.
- Wendorff, Jörg: LEHRbuch: Trainerwissen auf den Punkt gebracht. Bonn 2009
  Das LEHRbuch hat das Zeug zum Klassiker und bietet Trainern eine Fülle theoretisch fundierter Handlungsmöglichkeiten für die Planung, Durchführung und Nachbereitung von Fortbildungsveranstaltungen.
- Winkler, Maud; Commichau, Anka: Reden. Handbuch der kommunikationspsychologischen Rhetorik. 2. Auflage, Reinbek bei Hamburg 2008
  Wer sich von den vier Säulen der Präsentorik angesprochen fühlt, findet hier eine gleichermaßen fundierte wie anschauliche Vertiefung. Ein echter Klassiker mit vielen praktischen Beispielen.

Stichwortverzeichnis

Der Kompass

Für den Lernkreislauf

Dieser Trainerleitfaden wendet sich an Sie, wenn Sie als Fachmann/-frau Wissen und Kompetenzen in Seminaren und Schulungen vermitteln. Der Band fasst das Wesentliche zu Planung, Vorbereitung und Durchführung kompakt und sehr praxisnah zusammen. Schwerpunkt ist eine neue, aktivierende Art des Vermittelns jenseits trockener Vorträge und „Folienschlachten".

Anke Stockhausen
Trainerleitfaden
176 Seiten, kartoniert, mit CD-ROM
ISBN 978-**3-589-23856-9**